Ferrari 250

Genesi e storia di una leggenda

Autore: Stelio Tommasi

"Questo libro é dedicato agli appassionati e sostenitori della Ferrari in tutto il mondo. Ed é un omaggio all'Ingegnere Enzo Ferrari. Un omaggio al coraggio e alla genialitá di un grande uomo che con la sua passione e dedicazione ha saputo mettere insieme tutti gli elementi necessari a forgiare una legenda. Si sono scritti migliaia di libri sul personaggio Enzo Ferrari e sulle sue creazioni. Peró questo libro vuole narrare la genesi e la storia di una linea di auto che é stata parte fondamentale della leggenda Enzo Ferrari. La storia della FERRARI 250. Servendosi della collaborazione di uomini di grande talento, esperienza e conoscenza come Gioacchino Colombo, Aurelio Lampredi, Giotto Bizzarrini, Carlo Chiti e Mauro Forghieri, come anche dei famosi stilisti Italiani Vignale, Pininfarina e Scaglietti, il "Drake" riuscí a creare automobili che rimarranno nella storia del automobilismo mondiale come autentiche opere d'arte degne della tradizione artistica Italiana ".

Al principio, un ingegnere che lavorava da qualche parte in Italia per un piccolo costruttore di auto di nome Enzo Ferrari, progettó un motore V12 di straordinaria efficacia e bellezza. Questo motore aveva una capacitá unitaria di 250 cc che diede il nome alla piú leggendaria linea di automobili nella storia dell'automobilismo mondiale: **"FERRARI 250"**. Una serie di auto da corsa e da strada furono progettate a partire dall'Anno Domini 1952 che alla fine sarebbe diventata la línea di vetture di maggior successo della Ferrari fino ad oggi. Non erano prodotte in serie, erano automobili costruite su misura. La Ferrari forniva il motore e il telaio mentre i carrozzieri italiani disegnavano la línea e costruivano la carrozzeria, e generalmente erano delle vere sculture in movimento. Naturalmente le specifiche di telaio e di motore erano differenti. Ferrari ha costruito le sue auto stradali per alimentare la sua passione per le corse. Il suo scopo non era il denaro, o almeno non l'unico. E forse non rientrava nei suoi piani nemmeno il progetto di costruire vetture stradali. Gli bastava che questa sua passione si autofinanziasse. Ma le sue macchine, vincendo e stravincendo diventarono una scelta obbligata. Chi voleva correre e vincere andava da Ferrari a pregare, a supplicare che gli costruisse una macchina da corsa. E, naturalmente, pagava. Tanto belle e seducenti erano quelle macchine che qualcuno, pur non correndo, andó da lui per farsi fare una macchina da corsa da usare per la strada, tutti i giorni. Le 250 GT erano veicoli stradali che potevano anche essere portati in pista e competere senza la necessitá di modificarle e al termine potevano ripercorrere la via di ritorno a casa. Sebbene questo fosse il loro scopo, Ferrari si rese conto che molti clienti volevano le sue macchine da corsa in abiti borghesi, meglio se firmati. Per adeguarsi, Ferrari si rivolse ai migliori sarti, prima a Touring, a Vignale, a Scaglietti, e poi per sempre a Pininfarina. E i grandi della Terra fecero la fila alla sua porta. Un comune dominatore per tutti i modelli della línea 250 era il motore, (eccezione per la 250 Europa che montava il V12 Lampredi), un dodici cilindri a V di 60 gradi, monoalbero a camme in testa per bancata, blocco motore e teste cilindri in aluminio e le canne cilindri in ghisa, progettato da **Gioacchino Colombo**. Il motore aveva una capacitá complessiva di 2953 cc ed una potenza che variava dai 220 a 315 cavalli (HP). L'ingegno di Colombo fú prevedere le evoluzioni di quel motore. Quindi, sebbene la sua capacitá cubica fosse ridotta, la dimensione del blocco motore era abbastanza grande per svilupparlo semplicemente aumentando il diametro dei cilindri. Cosí si poteva usare lo stesso blocco, le stesse bielle e lo stesso albero motore. Le parti che venivano cambiate erano i pistoni e le teste cilindri, cosi da sviluppare il motore il necessario richiesto. Nel prosieguo mostreremo una carrellata di tutti i modelli **Ferrari 250** che hanno contribuito a forgiare la Leggenda **Enzo Ferrari**.   **Ora la Storia.**

Ferrari 250 S (1952)

La Ferrari 250 S fu un auto sperimentale, costruito in un solo esemplare ed era in gran parte basata sul 225 S, ma era spinto da un motore evoluzionato, che fú disegnato da Gioacchino Colombo, un V12 di 60 gradi con pistoni da 73mm e mantenendo la corsa a 58,8 mm per portare la capacitá complessiva a 2,953.21 cc. Fu in questa configurazione che il motore Colombo sarebbe stato utilizzato per oltre un decennio, ottenendo innumerevoli vittorie importanti. La vettura (nella foto nella pagina precedente) con il numero di telaio **0156ET** fú costruita nel 1952 con carrozzeria Vignale. Debuttó alla Mille Miglia del 1952 con i piloti Giovanni Bracco e Alfonso Rolfo. La Mille Miglia era considerato il miglior banco di prova su cui misurare le prestazioni e la resistenza della nuova unitá. Come risultato, la macchina é stata severamente provata, non solo dalla lunghezza della gara ma anche dalla competivitá dei suoi avversari. La Mercedes-Benz aveva, infatti, messo in campo per la Mille Miglia del 1952 una scuadra impresionante di tre coupé 300SL per Rudolf Caracciola, Hermann Lang e Karl Kling. Ma la qualitá della nuova Ferrari e sopratutto la guida di Bracco hanno presto mostrato come sarebbe finita. Al controllo di Ravenna, la 250 S aveva giá distanziato i piú diretti avversari, peró a metá corsa era sceso al terzo posto, incapace di eguagliare il ritmo delle potenti auto tedesche sugli interminabili rettilinei della costa Adriatica. Nella foto sotto, la 250 S all'arrivo a Brescia.

Il risultato della dura battaglia tra Ferrari e Mercedes é stato deciso sulle strade dei passi della Futa e Raticosa, dove Bracco fece un'incredibile rimonta scrivendo un'epica pagina nella storia delle corse automobilistiche. La Ferrari 250 S con alla guida Bracco vinse la diciannovesima Mille Miglia, la prima di una lunga serie di vittorie che il 12-cilindri tre litri consegnerebbe negli anni a venire. Un mese dopo la macchina corse a Le Mans guidata da Alberto Ascari e Gigi Villoresi ma ritirandosi alle prime ore della gara con problema alla frizione. In Agosto dello stesso anno la vettura é stata nuevamente pilotata da Giovanni Bracco con Paolo Marzotto per vincere la 12 ore di Pescara. Nel novembre del 1952, la 250 S partecipó alla Carrera Panamericana in Messico con il pilota Giovanni Bracco, peró nonostante fosse la vettura piú veloce non terminó la gara, dovette ritirarsi per problemi meccanici. Nel frattempo la Ferrari aveva giá in cantiere quella che sarebbe stata la erede della 250 S. La Ferrari 250 MM.

Giovanni Bracco alla Carrera Panamericana del 1952 in Messico con la Ferrari 250S

Ferrari 250 MM Berlinetta Pininfarina (1952 – 1953)

La Ferrari 250 MM prototipo presentata al Salone dell'Auto di Parigi nel 1952

La Ferrari 250 MM fu costruita usando la base del Ferrari 250 S vincitrice della Mille Miglia del 1952 e presentata per la prima volta al Salone dell'Auto di Parigi del 1952, peró tuttavia non aveva una sigla di identificazione. Naturalmente questa evoluzione era principalmente rivolta alle competizioni, usando il motore tre litri V12 (60°) migliorato nella potenza portata a 240 CV. Un totale di 31 vetture furono costruite nel 1953, 18 berlinetta Pininfarina di cui una ricarrozzata barchetta da Morelli, 12 barchetta Vignale e 1 berlinetta Vignale. La prima vettura fu presentata al Salone Internazionale di Ginevra nel 1953 e fu identificata come Ferrari 250 MM Pininfarina Berlinetta. Quello che Pininfarina aveva modellato intorno al motore era una forma all'avanguardia, con un'incredibile purezza di stile e una perfetta coda compatta. La vettura nella foto sopra é il numero di telaio **0256MM,** una delle uniche 18 berlinette mai prodotte. Questa vettura in particolare é la stessa che con Giovanni Bracco e Alfonso Rolfo partecipó alla Mille Miglia del 1953, pero senza fortuna poiché dovettero ritirarsi a Bologna per problemi al differenziale. Successivamente, nello stesso anno, partecipó alla Targa Florio e nel Giro di Sicilia con al volante il pilota della Scuderia Guastalla Eugenio Castellotti, iscritta ufficialmente dalla stessa Scuderia Ferrari.

La Ferrari 250 MM 0256MM guidata da Giovanni Bracco e Adolfo Rolfo alla Mille Miglia del 1953 e da Eugenio Castellotti, completamente restaurata.

Nel prosieguo dell'anno Eugenio Castellotti usó questa macchina per il campionato Italiano Sport, vincendo a mani basse lo stesso campionato con numerose vittorie come la 10 ore notturna di Messina, la Bolzano – Mendola e molte altre.

Una rarissima foto di Enzo Ferrari e Giovan Battista "Pinin" Farina insime ad una Ferrari 250 MM.

Con una vettura similare Paolo Marzotto, il piú giovane dei famosi quattro fratelli imprenditori e piloti, alla Mille Miglia del 1953 volle riscattarsi della malasorte che lo aveva visto giá ritirarsi due volte nelle precedenti edizioni, é in gara con il fedele Marino Marini, pilota di aerosiluranti ed eroe della " Beffa di Gibilterra " (Giugno 1944). L'equipaggio fece una prestazione eccezionale, mantenendo la terza posizione dietro a Giannino Marzotto e Juan Manuel Fangio per gran parte della gara. Ma a pochi kilometri dalla fine, la loro auto prese fuoco e si brució completamente in pochi minuti. Con una 250 MM berlinetta telaio **0270MM** partecipó alla Mille Miglia anche la signora Bianca Maria Piazza, pilota della scuderia Guastalla, che dovette ritirarsi a causa di un incidente, fortunatamente senza gravi danni.

a Ferrari 250 MM telaio 0254MM di Paolo Marzotto alla Mille Miglia del 1953

Dal 19 Novembre al 24 Novembre del 1953 si corse la famosa Carrera Panamericana in Messico e il giovane pilota locale Efrain Ruiz Echeverria, impressionato dalla velocitá della Ferrari 250 S che partecipó con Giovanni Bracco l'anno precedente, decise di comprare una Ferrari 250 MM per rimpiazzare la sua Ferrari 212 Inter danneggiata. Ma una nota curiosa é che pretese di mantenere il numero di telaio della 212 Inter, al fine di evitare dazi doganali sudamericani. Cosi quella vettura si trovó ad avere due numeri ditelaio, la **0239EU** che era del 212 Inter e la **0352MM** che era il numero di telaio assegnato dalla Ferrari a quella vettura e, storicamente parlando fú la unica vettura ad avere due numeri di telaio.

Ruiz Echeverria alla Carrera Panamericana del 1953 con la Ferrari 250MM telaio 0352MM e 0239EU

Ruiz Echeverria con Il suo copilota Becerril son riusciti a portare a termine quella massacrante gara con un ottimo piazzamento, hanno ricevuto la bandiera a scacchi in undicesima posizione assoluta. Il primo pilota messicano a conquistare la bandiera a scacchi quell'anno. Grande risultato considerando que partecipava come privato. E grande risultato anche per la Ferrari 250 MM. Nei successivi anni questa vettura é passata attraverso una serie di proprietari, incluso uno che ha commesso un'abberrazione mostruosa, sostituendo il motore con un Chevrolet V8. Fortunatamente un successivo proprietario ha restaurato l'auto alla sua configurazione originale, come consegnato a Ruiz Echeverria nel 1953, incluso il motore originale

La 250 MM berlinetta Pininfarina telaio 0352MM e 0239EU completamente restaurata

Ferrari 250 MM barchetta Vignale (1952 – 1953)

Ora ci occuperemo dell'altra versione della Ferrari 250 MM. Si tratta della Barchetta Vignale. Meccanicamente era simile alla Berlinetta Pinin Farina peró, a parte la linea della carrozzeria, pesava 50 Kg. meno. Furono costruiti 12 esemplari e ci furono tre serie di questa vettura, due della prima serie, quattro della seconda serie e sei della terza serie.

Questa Ferrari 250 MM Barchetta Vignale (foto sopra), telaio **0230MM** fú presentata al Salone dell'Auto di Parigi nel 1952 ed é una delle due della prima serie costruite da Vignale. Questa vettura fú acquistata dal direttore cinematografico Roberto Rossellini che, con la carrozzeria originale barchetta Vignale, partecipó alla Mille Miglia del 1953 insieme ad Aldo Tonti. Nei registri ufficiali della Mille Miglia del 1953, si riporta che il numero 544 di Rossellini e Tonti abbandonarono con un problema al differenziale dopo 7 ore e 28 minuti. Un rapporto ufficioso dice che l'attrice Ingrid Bergman, moglie di Rossellini, si gettó sul cofano della 250 MM all'arrivo al controllo di Roma per non farlo ripartire. Sicuramente una bella storia...

Ingrid Bergman riceve il marito Rossellini al controllo di Roma nella Mille Miglia del 1953

Da sinistra Roberto Rossellini, Nino Farina, Ingrid Bergman ed Enzo Ferrari

La vettura gemella 250 MM telaio **0260MM** fú acquistata dal giovane pilota statunitense Phil Hill (il futuro campione del mondo di formula uno nel 1961 con una Ferrari 156 F1) che la portó al debutto vittorioso nell'Aprile 1953 al Del Monte Trophy, Pebble Beach. Questa vettura ottenne ulteriori successi durante l'anno 1953. La vettura di Phil Hill, nella foto, é la unica delle due della prima serie di barchetta Vignale che conservó la carrozzeria originale.

Ora ritorniamo alla 250 MM telaio **0230MM**. Il 12 settembre del 1953 Rossellini partecipó alla corsa di Skarpnak Airfield vicino Stoccolma arrivando quarto assoluto e nell'Aprile 1954 la vettura fú acquistata da Orlando Palanga di Genova. Nel 1955 fú ricarrozzata spider da Scaglietti. E con questa carrozzeria é arrivata fino ai nostri giorni. Attualmente fa parte della collezzione Schlumpf, Mulhouse, Francia. Foto nella pagina precedente.

Questa foto mostra una delle quattro barchetta Vignale seconda serie con il numero di telaio **0288MM**. Questa unitá, all'inizio fú utilizzata come vettura ufficiale della Scuderia Ferrari, partecipando in eventi come il Giro di Sicilia del 1953 pilotato da Umberto Masetti e Azelio Cappi ed anche nella Mille Miglia dello stesso anno con Mike Hawthorn e Azelio Cappi, peró in tutte e due le gare finirono con l'abbandonare. Il suo miglior risultato in quell'anno fú il quinto posto alla Coppa D'oro delle Dolomiti con il pilota Giovanni Bracco. In seguito fú venduto al Portoghese Joao Gaspar di Oporto, e nel 1954 fú inviato in Sudamerica. Per concludere il capitolo Ferrari 250 MM vorrei presentarvi due esemplari unici. Il primo esemplare é la 250 MM telaio

0276MM berlinetta Pininfarina che fú ricostruita come barchetta dal carrozziere Morelli di Ferrara. Quest'auto ebbe una carriera sportiva di tutto rispetto.

la Ferrari 250 MM- 0276MM carrozzata Morelli con Clemente Biondetti alla Mille Miglia del 1954

rispetto. Nell'anno 1953 vinse la Trieste - Opicina con Franco Cornacchia, arrivó quarto assoluto alla 10 ore notturna di Messina con Luigi Piotti, partecipó alla 12 ore di Pescara e alla 12 ore di Casablanca con Luigi Piotti e Clemente Biondetti peró senza fortuna perché dovettero ritirarsi per problemi meccanici. Ed infine nel 1954 vinse la 3 ore di Bari ed arrivó quarto assoluto alla mille Miglia del 1954 con Clemente Biondetti. A fine stagione fú inviata negli USA ed in quel paese proseguí la sua carriera corsaiola fino al 1961. La seconda é la Ferrari 250 MM Berlinetta Vignale telaio **0344MM** riprodotta nella foto della seguente pagina. Modello unico e speciale. Di questa vettura non esiste un archivio sportivo.

a Ferrari 250 MM Berlinetta Vignale telaio 0344MM

Ferrari 250 Europa (1953 - 1954)

Il Salone dell'Auto di Parigi del 1953 fu l'evento in cui una nuova auto gran turismo Ferrari chiamato 250 Europa fu pubblicamente presentato. L'auto fu il successore del Ferrari 212 Inter e, come suggerisce il nome, era principalmente destinato al mercato europeo. Sembrava normale commissionare il disegno del primo esemplare alla carrozzeria Vignale, che aveva fatto un magnifico lavoro con la 212 Inter. Peró al lato del 375 America Pininfarina, che era esposto nello stesso stand, la Vignale apparve obsoleta, a tal punto che il lavoro dei rimanenti esemplari fu commissionato alla Pininfarina. Tre Ferrari 250 Europa furono prodotti da Vignale, mentre la Pininfarina produsse quindici Ferrari 250 Europa e una 250 Europa Convertibile. Al Salone dell'auto di New York del 1954 Ferrari presentó solo la versione Convertibile **0311EU** della 250 Europa. Sfruttando la opportunitá offerta dal passo di 2800 mm, l'Europa Convertibile era ancora piú snella e aerodinamica. Ferrari inauguró una lunga serie di auto 250 gran turismo destinati all'Europa. Il telaio della 250 Europa di Pininfarina derivava dal 375 America, ed era spinto da un motore V 12 di 60° disegnato da Aurelio

Lampredi che sviluppava una potenza di 200 cavalli a 6300 giri. Non sufficenti per un auto di quella mole. La foto sotto mostra la prima versione della 250

La Ferrari 250 Europa Pininfarina telaio al Salone dell'Auto di Parigi del 1953

Europa Pininfarina telaio che aveva un passo di 2800 mm ed era spinto dal motore V12 di 60° con una capacitá di 2963.40 cc   disegnato da Aurelio Lampredi. La Ferrari 250 Europa telaio **0295EU** (nella foto seguente)

Presentata da Vignale al Salone dell'Auto di Parigi del 1953. Anche questa montava il motore V12 Lampredi.

La **0311EU** é l'unica Ferrari 250 Europa spider disegnato e costruito da Pininfarina. É stata presentata al Salone dell'Auto di New York nel 1954. Sebbene lo stile sia simile al Coupé,ci sono molte piccole differenze tra i due. Il piú ovvio sono i passaruota svasati,un parabrezza piú scolpito e le luci posteriori differenti. Anche questo esemplare unico era spinto da un motore V12 di 60° disegnato da Aurelio Lampredi.

Ferrari 250 Europa GT Pininfarina Coupé (1954 – 1956)

Sebbene la Ferrari 250 Europa GT fosse chiamato con un nome simile alla 250 Europa, era piuttosto differente nel disegno. La 250 Europa GT potrebbe non essere la piú famosa delle Ferrari, ma fu la prima di una lunga serie di 250 GT da competizione, che dominó le gare GT per quasi un decennio ed era il modello che riassumeva il concetto di auto di Enzo Ferrari, il tutto racchiuso nella tipica eleganza della carrozzeria di Torino. Grazia e potenza dovevano andare di pari passo nello sviluppo dei nuovi prodotti, con meccanica e stile fusi in un unico corpo. La 250 GT ha segnato un cambiamento nel processo di assemblaggio delle Ferrari, dalla costruzione artigianale alla linea di produzione. Visto per la prima volta nel 1954 al Salone dell'auto di Parigi, dall'esterno la 250 Europa GT sembrava un semplice aggiornamento della 250 Europa dell'anno precedente, ma in realtá, era un auto con una ricchezza di nuove idee. Nelle foto sotto la Ferrari 250 Europa GT Pininfarina Coupé presentata al Salone dell'Auto di Parigi del 1954.

Peró il cambio piú importante fu la sostituzione del motore Lampredi, che montava la 250 Europa, con il motore Colombo tipo 112 che era quasi identico all'unitá del 250 MM. Usando il motore corto si approfittó per accorciare il passo a 2600 mm, migliorando la maneggevolezza con la sostituzione della balestra trasversale anteriore con due molle elicoidali e gli ammortizzatori houdaille a frizione davanti e dietro. Ora una breve parentesi su come nacque la collaborazione Ferrari – Pininfarina. Nel mese di Maggio del 1951 Sergio Farina, che aveva 25 anni e da poco si era laureato al politecnico di Torino e figlio del noto Pinin, organizzó con l'aiuto di un pilota (si pensa a Nino Farina che era suo zio) un incontro tra Enzo Ferrari e Gian Battista Farina. Considerando che i due erano abbastanza orgogliosi per fare il primo passo, Sergio organizzó l'incontro in campo neutro, in una vecchia trattoria di Tortona. Quell'incontro cambió la Storia dell'automoblismo mondiale e liberó l'automobile dalle caratteristiche monumentali che ancora si trascinava dietro, aprendo una nuova era del design. Si puó dire che fu questa continuitá collaborativa, pur nell'inevitabile avvicendrsi di stilisti

presso la Pininfarina e di dirigenti e tecnici presso la Ferrari, ad aver garantito e continuare a garantire che ogni nuova auto prodotta abbia le caratteristiche estetiche che ci si aspetta debba avere una Ferrari, associate a prestazioni che indichino il punto piú alto dello stato dell'arte in campo automobilistico. L'accordo tra i due pesi massimi del automobilismo italiano raggiunse il suo apice, portando l'industria Italiana e specificamente l'automobilismo Italiano a livelli impensabili, frutto di un lavoro congiunto alimentato dal talento, sacrificio, creativitá, eleganza e dalla grande competenza dei tecnici che hanno collaborato alla realizzazione dei loro progetti e dei loro sogni. Ora chiudiamo questa parentesi e torniamo ad occuparci delle favolose macchine. Trentacinque 250 Europa GT furono costruite, di cui una grande maggioranza erano auto stradali.

1954- 1956	**Ventotto 250 Europa GT Pininfarina Coupé;**
1954 - 1955	**Quattro 250 Europa GT Pininfarina Berlinetta**
1955	**Una 250 Europa GT Pininfarina Coupé Speciale**
1954	**Una 250 Europa GT Vignale Coupé**
1956	**Una 250 Europa GT Scaglietti Berlinetta**

La Ferrari 250 Europa GT **0357GT**, la stessa presentata a Parigi, prese parte al Tour de France nel mese di settembre del 1956, arrivando terzo assoluto con i piloti Olivier Gendebien e Michel Ringoir. Nel mese di agosto del 1956, la 250 Europa GT **0373GT** gareggió alla Liege – Roma – Liege con i piloti Oliver Gendebien e Pierre Stasse, terminando terzo assoluto. Non solo fu un risultato straordinario per una macchina da strada non modificata, in quello che é ancora considerato uno dei raduni piú estenuanti di tutti i tempi, ma é stata anche la gara in cui Gendebien ha forgiato la sua reputazione come uno dei piú grandi piloti GT di sempre. Questo fu anche l'inizio di una carriera folgorante di uno dei migliori piloti della Scuderia Ferrari, durante il quale Gendebien avrebbe vinto il Giro di Sicilia una volta; la 12 Ore di Reims due volte; la 12 Ore di Sebring due volte; Tour de France tre volte; Targa Florio tre volte e la 24 Ore di Le Mans per ben quattro volte. Ma il suo piú glorioso momento come pilota Ferrari é stato quando ha stabilito il record di 200 km/h sul tratto finale Cremona – Mantova – Brescia della Mille Miglia del 1957 in un Ferrari 250 GT Competizione.

La Ferrari 250 Europa GT 0373GT che arrivó terza assoluta alla Liegi-Roma-Liegi del 1956 con Gendebien - Stasse

La 250 Europa GT **0359GT** (nella seguente foto) fu carrozzata da Vignale su speciale richiesta della Principessa Liliane de Réthy della famiglia reale del Belgio, seconda moglie del Re Leopoldo III. Fu mandato a Vignale per essere dotato di una carrozzeria speciale ed unica. Il disegno fu insolitamente pulito per un Ferrari con carrozzeria Vignale. La forma molto elegante includeva un parabrezza avvolgente tipo Corvette. Dopo alcuni anni fu venduto al Dr. Harvey Schaub di Los Angeles, California USA dal garage Francorchamps,

Belgio. Tra il 2011 e 2012 fu restaurato da Wayne Obry. Attualmente si trova in Germania nella collezione privata dell'importatore Ferrari Ftrits Kroimans.

Nella foto in basso la 250 Europa GT Berlinetta **0415 GT**. É una delle quattro 250 Europa GT Pininfarina Berlinetta prodotte da Pininfarina. Fu acquistata dal Marchese Alfonso De Portago, un pilota gentleman che nel prosieguo della sua carriera divenne pilota ufficiale della Scuderia Ferrari. Sfortunatamente perse la vita alla Mille Miglia del 1957.

Altro pezzo unico é la Ferrari 250 Europa GT **0403GT** Competizione Speciale

La Ferrari 250 Europa GT Pininfarina Competizione Speciale telaio 0403GT

Pininfarina, con carrozzeria speciale interamente in alluminio. La parte anteriore richiamava la 250 Europa GT berlinetta competizione, mentre la parte posteriore richiamava la 375 MM realizzata per l'attrice Ingrid Bergman. Nonostante il suo pedigree corsaiolo, non ha mai preso parte in competizioni. Il suo primo proprietario era James Gerard Murray, un americano residente a Modena. Nel 2005 partecipó al concorso d'eleganza di Villa d'Este dove fu premiato come migliore della sua classe. Vorrei chiudere il capitolo 250 Europa GT con l'ultima opera d'arte, pezzo unico. Si tratta del Ferrari 250 Europa GT Competizione berlinetta Scaglietti, presentata al Salone dell'Auto di Ginevra in marzo del 1956, fu l'unica carrozzata da Scaglietti. Anche se inteso come auto da esposizione, serví come uno dei prototipi dell'auto da competizione 250 GT. In aprile del 1956 fu venduta al Dr. Enrico Wax di Genova e nello stesso mese fu esposto al Salone dell'Auto di Torino. Nel 1959 fu esportato in USA e dopo essere passato di mano in mano, nel 2011 arrivó nelle mani di Lee Herrington, Bow NH, che lo fece restaurare completamente da Mark Allin del Race Drive Inc. East Kingston NH, e il 13 di agosto del 2013, al concorso di eleganza di Pebble Beach vinse il premio di migliore della sua classe.

La Ferrari 250 Europa GT Competizione Berlinetta Scaglietti al concorso di Pebble Beach nel 2005

Ferrari 250 Monza   (1954)

Partendo da un telaio leggermente allungato della 750 Monza, ed inserendo un motore V12 60 gradi tre litri di Colombo di 240 cavalli di potenza, che furono usati con successo sulle 250 MM, i tecnici della Ferrari crearono la 250 Monza. Furono costruite solo quattro esemplari della Ferrari 250 Monza con due differenti carrozzerie, due di Pininfarina che assomigliava abbastanza alla 500 Mondial e due di Scaglietti nello stile della 750 Monza. Il primo esemplare, fu usata dalla Scuderia Ferrari mentre le altre tre furono vendute a clienti Italiani. La 250 Monza telaio **0420M**, nelle foto successive, fu la prima costruita da Pininfarina e fu usata dalla Scuderia Ferrari.

Con questo esemplare, nel 1954 la coppia Maurice Trintignant e Luigi Piotti vinsero la 12 Ore di Heyeres. In seguito fu presentata al Motor Show di Amsterdam e quindi venduta all'Olandese Hans Maasland con la quale partecipó in alcune gare in Olanda. I piloti privati italiani gareggiarono con successo in eventi nazionali, infatti nel mese di Giugno del 1954 Gerino

Gerini, della scuderia Guastalla, condusse alla prima vittoria, nel Giro dell'Umbria , la 250 Monza telaio 0442M carrozzata da Scaglietti.

In novembre dello stesso anno, la stessa auto corse la massacrante Carrera Panamericana in Messico con Franco Cornacchia della scuderia Guastalla, portandola a termine con un quinto posto assoluto.

La Ferrari 250 Monza Scaglietti telaio 0442M che partecipó alla Carrera Panamericana del 1954 completamente restaurata.

La 250 Monza, telaio **0432M**, originalmente era stata consegnata a Franco Cornacchia della Scuderia Guastalla con la carrozzeria Pininfarina. Nel 1954 partecipó al Gran Premio di Napoli con Giulio Musitelli conquistando la seconda posizione assoluta. Il 5 di giugno del 1954 venne venduta a Luigi Piotti che la guidó alla 1000 km di Monza finendo in undicesima posizione. Nel agosto del 1954, Luigi Piotti la condusse alla vittoria assoluta al Circuito di Reggio Calabria. Nel 1957, Luigi Chinetti che era il nuovo proprietario, commissionó a Scaglietti una carrozzeria nuova. Scaglietti fece un eccellente lavoro, rifacendo la carrozzeria come la 250 TR Pontoon. Nella foto in basso si puó osservare la perfetta somiglianza della 250 Monza Scaglietti telaio **0432MM** con la 250 TR Pontoon, con i colori della scuderia N.A.R.T. di Luigi Chinetti.

I piloti soci della Scuderia Guastalla con Cornacchia, Caraceni, Castellotti, Pinzero, Musitelli, Moroni, Giletti, Stagnoli, Piazza, Bracco, Sterzi e Biondetti che contribuirono ai successi di Ferrari

Ferrari 250 GT Boano Coupé (1955 – 1958)

Al Salone dell'Auto di Ginevra in Marzo del 1956, la Ferrari presentó il sostituto della 250 Europa GT. Pininfarina fu il responsabile per il nuovo disegno che includeva una griglia anteriore molto piú piccola e discrete pinne posteriori. Il prototipo **0429GT** che fu presentato a Ginevra aveva la carrozzeria in lamiera d'acciaio pero le porte ed i cofani erano in alluminio. In seguito Pininfarina costruí altri quattro prototipi di cui due completamente in alluminio. Ferrari e Pininfarina sono stati molto cauti al fine di ottenere il progetto giusto del Coupé GT che sarebbe stata una delle prime auto di serie della Ferrari con un disegno ben stabilito per una produzione superiore alle cento unitá. Il progetto includeva un passo di 2600 mm, il motore d'alluminio V12 60 gradi disegnato da Gioacchino Colombo ed un cambio di quattro velocitá piú retromarcia.

La Ferrari 250 GT Pininfarina/Boano 0429GT presentata al Salone dell'Auto di Ginevra nel 1956

Enzo Ferrari era molto serio nel voler produrre la 250 GT in gran numero, cosí tanto che Pininfarina non riuscí a gestire il carico di lavoro di produzione previsto, perché la nuova fabbrica a Grugliasco non era ancora completata. Cosí Ferrari giró la fornitura delle 250 GT alla Carrozzeria Boano Lavorazioni Speciali per la produzione delle carrozzerie e interiori rispettando i disegni di Pininfarina. La fabbrica era situata a Brescia in societá con la famiglia Ellena. Accettarono con entusiasmo l'ordine dalla Ferrari che era significativo. Dal momento che Boano era un subcontrattore, il suo nome non fu mai menzionato nella promozione del modello. Avevano costruito 84 unitá quando Mario Boano lascíó l'impresa per unirsi al dipatimento di design della Fiat, e il suo genero Ellena assunse il completo controllo della struttura. Ellena continuó la produzione delle carrozzerie, che da quel momento erano indicati come Ellena Coupé.

La Ferrari 250 GT Ellena Coupé 0875GT prodotta con il tetto leggermente piú alto
Le primissime auto erano identiche alle precedenti, ma dopo alcuni esemplari fu introdotto un tetto leggermente piú alto per offrire un miglior spazio

interno. Alla fine del 1958 furono prodotte 50 unitá. Complessivamente tra Boano e Ellena furono costruite 138 unitá, inclusi i quattro prototipi speciali realizzati da Pininfarina. La Ellena Coupé venne sostituita da una nuova 250 GT Coupé, che era progettato e costruito da Pininfarina nella struttura di Grugliasco. Per parecchi anni le Coupé di Boano ed Ellena non erano altamente considerate a tal punto che parecchi esemplari furono usati per fare delle repliche. Ora, in questi ultimi anni sono tornate ad essere apprezzate.

Come menzionato all'inizio del capitolo, Pininfarina realizzó altri quattro prototipi oltre a quello presentato a Ginevra, due in lamiera d'acciaio con porte e cofani in alluminio e due completamente in alluminio. Questo, nella foto in alto, é il secondo realizzato da Pinifarina la **0465GT** con l'appellativo di Ferrari 250 GT Pininfarina Coupé Speciale.

Ferrari 250 GT Competizione LWB (1957 – 1959)

Alla metá degli anni cinquanta, le 250 Europa e le 250 GT Sport Berlinetta erano le migliori auto Gran Turismo ad alte prestazioni sul mercato e il successo delle loro vendite spinsero Ferrari ad iniziare la produzione della versione da competizione del modello. L'intenzione era di costruire una nuova auto, che, pur conservando il rigore e la semplicitá formale giá espressa nei modelli da strada, potevano essere utilizzati con successo in pista da un numero crescente di clienti sportivi. Dal 1956 al 1959 Ferrari produsse la 250 GT Berlinetta " Tour de France " (TdF). Le fu assegnato questo nome per la corsa automobilistica Francese che durava 10 giorni. Questo era per una buona ragione. Dalla prima volta che una 250 GT fu inserita nella estenuante corsa di resistenza nel 1956, dominó l'evento conquistando nove vittorie consecutive. Gli organizzatori permisero ai costruttori vincitori di utilizzare il nome dell'evento per il modello vincente.

Dal 1956 al 1959 furono realizzati 77 unitá del 250 GT Berlinetta TdF, inclusi i cinque di Zagato. I disegni furono eseguiti da Pininfarina, peró le carrozzerie vennero realizzate da Scaglietti, eccetto per 5 unitá che furono disegnate e realizzate da Zagato. Scaglietti construí quattro versioni della 250 GT TdF. Nella foto della pagina precedente viene immortalata la prima versione del 1956. Le quattro versioni venivano identificate con un nome che si riferiva al numero di feritoie ai lati del lunotto posteriore con il nome Louvre. Cosi erano divise le quattro versioni, nove prima serie no louvre; nove seconda serie 14 louvre; diciotto terza serie 3 louvre e trentasei quarta serie 1 louvre. Ora vengo a narrarvi la storia di alcune Ferrari 250 GT TdF che hanno contribuito in maniera decisiva a costruire la leggenda " ENZO FERRARI ".

Questa Ferrari 250 GT TdF, no louvre **0557GT**, fu la vincitrice del Tour de France auto del 1956. É la ultima unitá di nove della prima serie realizzati da Scaglietti. L'auto fu venduta al Marchese Alfonso de Portago in Aprile 1956. Nello stesso anno partecipó al Tour de France con l'amico Edmond Nelson conquistando la vittoria assoluta (nella foto in alto alla partenza del Tour de

France 1956). Piú tardi in quell'anno, il 7 di Ottobre, il Marchese terminó primo assoluto al Coupes du Salon di Montlhéry. Due settimane piú tardi l'auto ottenne il primo posto di classe al Gran Premio di Roma. Il 7 di Aprile 1957, De Portago condusse la Berlinetta ad un'altra vittoria assoluta al Coupes USA. Un mese dopo, mentre pilotava un Ferrari 335 S, Il Marchese perse la vita in un incidente alla Mille Miglia. Dopo molti anni, nel 1992 l'auto finí nelle mani del collezionista Messicano Lorenzo Zambrano. Il Signor Zambrano fece una restaurazione totale dell'auto. Poco dopo il restauro , fu prodotto un libro foderato in pelle che documenta la storia della macchina e del suo restauro. Zambrano esibí l'auto in molti concorsi d'eleganza vincendo molti premi.

De Portago durante il Tour de France del 1956 con la Ferrari 250 GT Competizione 0557GT

La Ferrari 250 GT Competizione 0557GT che fu di Alfonso De Portago completamente restaurata

Con una 250 GT Competizione 14 Louvre come questa nella foto, telaio **0647GT,** il pilota Italiano Edoardo LualdI Gabardi di Busto Arsizio, ebbe una stagione 1957 da favola. Mi limito a elencarne la storia sportiva perché fu distrutta in un incidente nel 1967 e non esistono foto dell'auto.

31/03/57	Primo di classe	Corsa sulle Torricelle
28/04/57	Primo assoluto	Bologna – San Luca
05/05/57	Primo di classe	Coppa della Consuma
02/06/57	Primo di classe	Coppa Lombardia
18/08/57	Primo assoluto	Trapani – Monte Erice
01/09/57	Primo assoluto	Aosta – Gran San Bernardo
15/09/57	Primo assoluto	Coppa del Cimino
06/10/57	Primo di classe	Trieste – Opicina
13/10/57	Primo di classe	Coppa Leopoldo Carri, Monza
10/11/57	Primo assoluto	Campionato sociale scuderia Arena

E chiude la stagione vincendo il Campionato Italiano della Montagna. A fine stagione vende l'auto a Alberto Quadrio che nel 27 Aprile del 1958 alla Coppa San Marino, Serravalle – San Marino arrivó primo assoluto. Nel 1958, Peter Helm compra la 250 GT TdF e la esporta in California USA e la tiene per un decennio. Nel 1967 Peter Helm ebbe un incidente distruggendo la vettura che poi fu venduta come ricambi. Purtroppo quella unitá é l'unica che manca all'appello delle 9 Ferrari 250 GT LWB Berlinetta Scaglietti 14 louvre.

La Ferrari 250 GT Tour de France **0677GT** (nella foto della pagina precedente) ha avuto una sorprendente storia piena di successi. Nel Periodo che va dal 14 Aprile 1957 al 31 Agosto 1958, ottenne una serie impressionante di vittorie. Si dice che questa vettura era dotata di un motore, 168 Comp di 280 CV, messo a punto per il Testa Rossa sotto tutti gli aspetti, tranne i carburatori che erano tre Weber doppio corpo invece di sei che montava il Testa Rossa. La carriera sportiva inizió come auto ufficiale della Scuderia Ferrari. 14/04/57 primo assoluto al Giro di Sicilia con i piloti Gendebien – Washer; 11-12/05/57

La Ferrari 250 GT Competizione 0677GT all'arrivo nella Mille Miglia del 1957 con Gendebien e Washer.

terzo assoluto e primo della classe GT alla Mille Miglia con i piloti Gendebien - Washer; 26/05/57 partecipó alla 1000 km del Nuerburgring, con poca fortuna a causa di un problema meccanico, con i piloti Von Trips – Gendebien; 13/07/57 primo assoluto alla 12 ore di Reims con i piloti Gendebien – Frere. In Agosto del 57, l'auto venne acquistata da Olivier Gendebien che la condusse ad un'altra serie di vittorie come pilota gentleman. 16-22/09/57 primo assoluto al Tour de France con i piloti

Gendebien – Bianchi; 06/10/57 primo assoluto al Coupe du Salon, Montlhery con il pilota Olivier Gendebien; 07/04/58 primo assoluto alla 3 ore di Pau con i piloti Gendebien – Bourillot; 05/07/58 primo assoluto alla 12 ore di Reims con i piloti Gendebien – Frere; 31/08/58 primo assoluto alla Bergpreis der Schweiz Ollon-Villars con i pilota Olivier Gendebien. Non si puó negare l'abilitá di guida di Olivier Gendebien come uno dei piloti da corsa di maggior successo di quell'epoca. Lui stesso affermó che la sua guida al terzo posto assoluto e primo della categoria GT nella Mille Miglia del 1957 fu, per davvero, il suo piú **grande successo**. Non dimentichiamoci che fece il record nel tratto Cremona – Mantova – Brescia di 200 km/h di mediia. La seguente auto di cui ci occuperemo é la Ferrari 250 GT Competizione Scaglietti terza serie identificata come " 3 louvre", ne furono costruite 18.

Questo esemplare di Ferrari 250 GT Competizione TdF é il quindicesimo di 18 della versione 3 louvre, telaio **0879GT**. Fu venduta al pilota tedesco Wolfgang Seidel di Dusseldorf. Negli anni che seguirono Seidel, con questo TdF, partecipó a 22 eventi in tutta Europa, raccogliendo undici vittorie e una serie di podi, tra cui il secondo assoluto alla 3 Ore di Pau, secondo assoluto al Gran

Premio del Belgio a SPA-Francorchamps, primo assoluto al Grand Handicap de SPA-Francorchamps, terzo di classe al Grand Prix de Paris di Linas-Montlhéry e quarto assoluto alla 12 Ore di Reims come copilota di Wolfgang Von Trips. Dal 1993 al 1997 fu restaurato come consegnato a Seidel nel 1958, terminando nelle mani di Mauro Bompani di Modena. Mai gravemente danneggiato durante la sua carriera agonistica. L'auto ha avuto solo due proprietari negli ultimi 45 anni ed é una delle tante, bellissime, Ferrari 250 GT Competizione arrivate ai nostri giorni che conferma la sua autenticità, certificata recentemente da Ferrari Classiche. Altro esemplare interessante di questa terza serie, di Ferrari 250 GT Competizione TdF, é l'auto con il telaio numero **0619GT**. Questa Ferrari fu completata il 30 di Novembre 1957 e fu dotata di un motore 128C DI 260 CV. Fu venduta a Pierre Noblet di Roubaix, conosciuto per Enzo Ferrari come pilota estremamente competente.

La Ferrari 250 GT Competizione 0619GT di Pierre Noblet al Tour de France del 1958

Nel Marzo del 1957, Noblet aveva giá acquistato una 250 GT TdF, 0619GT che scambió per il **0805GT** nel Dicembre 1957. Per evitare le tasse per Noblet, la Ferrari rinumeró la nuova vettura **0805GT** con il numero della vecchia

0619GT. Piú o meno quello che successe con la Ferrari 250 MM di Ruiz Echeverria, con la sola differenza che la Ferrari di Echeverria terminó con due numeri di telaio. La **0619GT** partecipó in almeno 10 gare in circuito e in salita nel periodo che va dal 1958 al 1960. Risultati notevoli includono un terzo posto assoluto alla 12 Ore di Reims con Noblet e Peron; un secondo posto assoluto alla Coupes de Vitesse, Linas-Montlhéry con Noblet; un quarto posto assoluto al Gran Premio di SPA con Noblet, nell'anno 1958. Un secondo posto assoluto alla Coupes de Vitesse, Linas-Montlhéry con Noblet; un terzo posto assoluto alla Coppa St. Ambroeus, Monza con Noblet; un quarto posto assoluto al Gran Premio della lotteria di Monza con Noblet; un terzo posto assoluto alla gara in salita Trento-Bondone con Noblet; e un terzo posto assoluto alla Coppa Intereuropa, Monza con Noblet, nell'anno 1959. Nel 1960 partecipó a tre gare peró con risultati negativi a causa di problemi tecnici. Nel 1961 l'auto fu rubata e danneggiata. Fu recuperata e nel 1963 l'importatore Francese Charles Pozzi la restauró. Ora veniamo a quella che fu la quarta serie della Ferrari 250 GT Competizione Scaglietti TdF " 1 louvre ".

<u>La Ferrari 250 GT Competizione Scaglietti 0899GT consegnata a Edoardo Lualdi in Aprile 1958</u>

Questo particolare esemplare, telaio 0899GT, era una quarta serie con pedigree da corsa. É il terzo esemplare di 36 auto 1 louvre.. In base ai fogli di fabbrica, il telaio di questa vettura fu mandato alla carrozzeria Scaglietti per rivestirla con una carrozzeria interamente in alluminio nel mese di Febbraio del 1958. La vettura fu completata alla fine di Marzo del 1958 e consegnata al proprietario, l'impresario tessile Edoardo Lualdi Gabardi di Busto Arsizio, la prima settimana del mese di Aprile del 1958. Il motore era un tipo 128C Comp che sviluppava 260 CV.Nelle mani di Edoardo Lualdi la Ferrari 250 GT 0899GT conquistó innumerevoli successi nella stagione 1958.

Il motore 128C Comp della Ferrari 250 GT Competizione 0899GT di Edoardo Lualdi Gabardi

La prima gara di quest'auto fu il 27 Aprile 58 alla Coppa San Marino, Serravalle – San Marino dove finí terzo assoluto e primo di classe; 5 Maggio 58 terzo assoluto e secondo di classe alla Bologna – San Luca; 1 Giugno 58 quinto assoluto e primo di classe alla Coppa della Consuma; 15 Giugno 58 quinto assoluto e primo di classe alla Varese Campo di Fiori; 6 luglio 58

La Ferrari 250 GT Competizione 0899GT alla Varese- Campo di Fiori del 1958 con Edoardo Lualdi

quarto assoluto e primo di classe alla Bolzano – Mendola; 7 Settembre 58 terzo assoluto alla Coppa intereuropa, Monza; 14 Settembre 58 secondo assoluto e primo di classe al Trofeo Lumezzane; 28 Settembre 58 quinto assoluto e secondo di classe Pontedecimo – Giovi; 5 Ottobre 58 secondo di

La Ferrari 250 GT Competizione 0899GT alla Trieste – Opicina del 1958 con Edoardo Lualdi

classe alla Trieste – Opicina; 4 Novembre 58 primo assoluto Coppa Sant'Ambroeus, Monza. Al termine della stagione 1958, con quest'auto, Edoardo Lualdi si laureó Campione Italiano della Montagna classe GT. L'anno seguente l'auto passó nelle mani di Ferdinando Pagliarini che proseguí l'attivitá sportiva della 250 GT 0899GT. Il 4 Aprile 59 terzo di classe alla Stallavena – Bosco Chiesa Nuova; 24 Maggio 59 primo assoluto alla Catell'Arquato - Vernasca; 7 Giugno 59 sesto assoluto e secondo di classe alla Coppa della Consuma; 20 Settembre 59 secondo di classe alla Pontedecimo – Giovi. Finito la stagione fu venduta a Paul Mounier, Algier. Nel 1961 l'auto fu danneggiata in un incidente stradale, fu rimosso il motore che fu venduto ad un meccanico di Marsiglia, che lo installó in un Ferrari 250 GT Spider, la carrozzeria fu rimossa e installata in un telaio di un Ferrari 250 GTE e il telaio fu venduto a Jacques Ohana di Marsiglia. Nel 1987 Jean-Pierre Ferry di Monte Carlo, ritrovó il telaio completo di sospensioni e cambio, consegnó il telaio a Bacchelli & Villa, Bastiglia (MO) per un completo restauro. La carrozzeria fu ricostruita da Carrozzeria Autosport di Bacchelli & Villa, si installó un nuovo motore del tipo corretto fornito e stampato 0899GT da Ferrari Classiche. Nel Febbraio 2014, la fabbrica certificó la berlinetta con il libro rosso di Ferrari Classiche che chiarisce le riparazione sopra elencate, e affermando che l'auto conserva il suo telaio originale con il numero corrispondente. Un test di metallurgia fu eseguito durante il processo di certificazione confermando l'etá del telaio 0899GT. Un'altra Ferrari 250 GT Competizione degna di nota é stata la **1321GT** che i misteriosi piloti, della Scuderia Garage Francorshamps, Beurlys e Elde condussero al quarto posto assoluto e prima di classe GT alla 24 Ore di Le Mans del 1959. Questa vettura fu consegnata al Garage Francorshamps per Jean Blaton alias " Beurlys " il 17 Aprile 1959 e nelle sue mani participó ad alcune gare importanti. Tralasciando la 24 Ore di Le Mans del 21- 22 Giugno del 1959, arrivó secondo assoluto e primo di classe al Tour de Cote de La Roche-en-Ardenne; primo assoluto al Course de Cote de Charleroi, Bomerée; nono assoluto e primo di classe alla 1000 Km Nuerburgring; e partecipó al Gran Premio della Lotteria di Monza che non portó a termine. Dopo essere passata in tante mani e sostituito 2 motori, arrivó nelle mani dell'attuale proprietario Charles T. Wegner, West-Chicago che restauró l'interiore e rivernició l'auto con i colori originali, rosso e giallo come aveva alla 24 Ore di Le Mans.

La Ferrari 250 GT Competizione 1321GT alla 24 Ore di Le Mans del 1959 con Beurlys – Elde

Ora passiamo ad un altro esemplare che ha mietuto molti successi. Mi riferisco alla Ferrari 250 GT Competizione **1333GT**, Uno degli ultimi otto esemplari costruiti con i fari scoperti. Questa berlinetta fu venduta a Carlo Maria Abate della Scuderia Racing Club. La Ferrari 250 GT, numero di serie 1333GT, partecipó a non meno di sedici gare tra il 1959 e il 1960 con rilevanti successi come il primo assoluto alla Coppa Sant Ambreous; primo posto assoluto alla Mille Miglia Rally con Carlo Maria Abate e Gianni Balzarini; primo classe GT alla Coppa della Consuma; primo di classe GT alla Trento – Bondone; quinto assoluto al Tour de France 1959 con Carlo Maria Abate e Gianni Balzarini. Nel 1960 partecipó alla 12 ore di Sebring con Carlo Maria Abate e Gianni Balzarini, peró non terminó la corsa per noie meccaniche;

primo di classe alla 1000 Km Nurburgring con Carlo Maria Abate e Colin Davis; primo di classe al Mount Ventoux; primo di classe alla Trieste Opicina con Carlo Peroglio, e qui si concluse la sua carriera corsaiola. Fu venduta in Inghilterra dove tuttavia si trova.

La Ferrari 250 GT Competizione 1333GT al Tour de France 1959 con Abate e Balzarini.

La 1357GT, 250 GT Competizione berlinetta é la 32° di 36 1-louvre costruiti da Scaglietti. Fu venduto nell'Aprile del 1959 al Francese Pierre Dumay. Il pilota francese partecipó alle gare di montagna nella stagione 1959 con nove vittorie su undici partecipazioni. Alla fine della stagione 1959 l'auto fu venduta a Edoardo Lualdi Gabardi. La vittoria piú significativa della vettura fu il primo posto di classe alla Targa Florio del 1960, guidata da Edoardo Lualdi e dal copilota Giorgio Scarlatti (nella foto della pagina seguente). L'auto fu venduta di nuovo nel Luglio del 1960 ad Armando Zampieri che continuó ad usarla in gara, con parsimonia, fino al 1962. L'auto fu esportata negli Stati Uniti nel 1965 ed é parte della Collezione Marriott dal 1985.

Per finire il capitolo Ferrari 250 GT Competizione Scaglietti TdF ci occuperemo del fiore all'occhiello delle 250 GT TdF. Si tratta della **1033GT** che é, probabilmente, il piú famoso 1-louvre. Nella foto sotto.

In quest'auto venne installato Un motore sperimentale piú leggero che consentiva un limite di 8000 giri per minuto, si dice un motore tipo 168 Comp con una potenza di 280 CV, ed una carrozzeria completamente in allumino. A chi affidare un simile gioiello se non a uno dei migliori piloti dell'epoca? Olivier Gendebien insieme al suo copilota Lucien Bianchi condussero questa berlinetta ad una ennesima vittoria al Tour de France 1958. Proseguí con un primo posto assoluto al Coupes du Salon, Montlhery e un primo posto assoluto al Gran Premio Paris, Montlhery. Al Gran Premio della lotteria di Monza con al volante Lucien Bianchi, fu involucrato in un incidente, cosí il frontale fu trasformato in fari aperti.

Enzo Ferrari con Olivier Gendebien

Ferrari 250 GT Pininfarina Cabriolet (1957 – 1962)

La produzione di auto stradali, per Ferrari, passó dall'essere una necessitá ad una parte essenziale per la stabilitá della Societá. La gamma 250 GT fu arricchita , nel 1957, con un gran numero di Cabriolet, tutti progettati da Pininfarina, automobili che hanno contribuito in modo determinante a refforzare ulteriormente la leggenda e crear ancor piú fascino per questa straordinaria serie di auto Gran Turismo, costruito attorno al, sempreverde, motore V12 da tre litri della Ferrari. Pertanto la Pininfarina fu incaricata di realizzare la prima cabriolet per Ferrari. Ed ha iniziato con il telaio **0655GT** per la esposizione al Salone dell'auto di Ginevra del 1957. Era un prototipo e abbozzava lo schema di base per la produzione, vantando un'alternanza di superfici diritte e angoli grafici , sottolineati da profili e paraurti cromati, che davano all'auto una visione affermativa ed elegante allo stesso tempo.

La Ferrari 250 GT Pininfarina Cabriolet prototipo presentata a Ginevra nel 1957

La prima vera serie fu la 250 GT Cabriolet, la cui produzione inizió durante la seconda metá del 1957, fu preceduta da quattro prototipi in cui i concetti espressi dal modello presentato al Salone dell'Auto di Ginevra venivano raffinati e occasionalmente ammorbiditi. La 250 GT Cabriolet veniva costruita in un'officina speciale presso la fabbrica della Pininfarina. Ogni carrozzeria era costruita in lamiera d'acciaio ed era squisitamente dettagliata sia dentro che fuori. Considerata da molti una delle più eleganti creazioni di Pininfarina. La Ferrari 250 GT Cabriolet é la quintessenza di un'auto a cielo aperto per un purista Ferrari.

La Ferrari 250 GT Pininfarina Cabriolet serie 1 telaio 0791GT

Era un'auto molto raffinata costruita per il turismo. La serie 1 Cabriolet era sempre di moda, indipententemente dal tempo, luogo e occasione. Di questa serie ne furono costruite 40 con motore tipo 128C. La Ferrari 250 GT Cabriolet, foto nella pagina successiva, é la **1475GT**, l'ultima costruita della prima serie. Nel 1959 si dovettero applicare alcune modifiche nella parte frontale e nella parte posteriore dell'auto a causa di una legge dello Stato Italiano inerente alla illuminazione, quindi si applicarono fari scoperti e nuove

luci posteriori. Con il 1960 alle porte, Ferrari riconobbe che c'erano molte somiglianze esterne tra i Cabriolet stradali della prima serie e le California Spider Scaglietti. Quindi Ferrari prese la decisione di correggere tale situazione con l'introduzione della seconda serie della 250 GT Cabriolet presentando un prototipo su telaio **1213GT** al Salone dell'Auto di Parigi nel 1959. La seconda serie della Cabriolet era visibilmente differente dalla California Spider. Si miglioró lo spazio interno per gli occupanti, piú spazio per i bagagli, offrendo un gran livello di lusso ed una grande affidabilitá. Furono prodotti 204 esemplari della seconda serie 250 GT Cabriolet di Pininfarina fino alla cessazione nella seconda metá del 1962.

La Ferrari 250 GT Pininfarina Cabriolet serie 2

Il motore era una versione aggiornata del Colombo V12 60° identificato come tipo 128F. Dalla sua introduzione nel 1959, la Ferrari 250 GT Cabriolet Pininfarina fu il modello ideale per un automobilista che cercava un modo raffinato di guida. Questa fu un automobile squisita per clienti squisiti con un gusto squisito. La Ferrari 250 Cabriolet, nella foto in basso, é una dei quattro prototipi della prima serie, é la 0709GT venduta al principe Saddrudyn Aga

Khan per la sua futura moglie. Per rendere il suo dono ancora piú prezioso, il capo della setta Ismailita Musulmana, fece mettere una grande pietra preziosa a forma di cuore inserita nel cruscotto dell'auto al posto di uno degli trumenti.

Ferrari 250 GTCalifornia spyder   (1957 – 1960)

Quando Ferrari sostituí la 250 GT Cabriolet serie 1 con una piú lussuosa serie 2, Luigi Chinetti, l'importatore Ferrari per gli Estati Uniti, convinse Ferrari a continuare con una versione piú sportiva per il mercato Statunitense. Chinetti e Van Neumann, distributore Ferrari per la Costa Est, erano convinti che una Ferrari aperta con caratteristiche piú sportive, avrebbe avuto molto successo negli Stati Uniti, specialmente in California. E la decisione di Ferrari fu di aggiungere un'altro modello alla linea 250, La 250 GT California Spyder, chiamate come il loro miglior mercato. Perché Spyder e non convertibile? Perché la California Spyder non aveva la capote retraibile, era un roadster puro, e Ferrari offriva ai clienti una capote rigida facile da montare.

Pininfarina disegnó la California partendo dalla base del Berlinetta Tour de France, peró come tutte le 250 GT Competizioni erano fatti a mano da abili battilastra della Carrozzeria Scaglietti. La meccanica era la stessa, telaio con struttura tubolare in acciaio a sezione ellittica, sospensioni indipendenti con doppi bracci trasversali davanti e assale rigido posteriore, freni a tamburo sulle quattro ruote. Anche se privo della maggior parte di lussi che aveva la 250 GT Cabriolet, veniva costruito sotto ordine e tra le opzioni c'era una scelta di motore. In assetto standard, il meraviglioso V12 andava bene con 240 CV ma in assetto competizioni poteva essere montato un motore da 280 CV. Mentre le prime California Spyder erano equipaggiate con carrozzeria interamente in lamiere d'acciaio, Scaglietti poteva anche vestirla con una carrozzeria interamente in alluminio. La California Spyder in assetto corsa e con un motore da 280 CV era un'auto formidabile.

Questo esemplare nella foto sopra é la 250 GT California Spyder telaio **1603GT**, carrozzeria interamente in alluminio e un motore tipo 168 da 280 CV. Fu venduta al pilota americano George Reed, in dicembre 1959, che la usó in molteplici gare in territorio Americano fino a Maggio del 1964.

L'esemplare qui sopra é la 250 GT California Spyder **1459GT** venduta al Conte Giovanni Volpi di Misurata della Scuderia Serenissima e fu la prima California a montare i freni a disco " Dunlop " sulle quattro ruote. Nelle mani di Carlo Maria Abate e Giorgio Scarlatti arrivó ottavo assoluto e primo della clsse GT alla 12 Ore di Sebring del 1960. Nel 1989 fu esportato in Inghilterra dove tuttora si trova. Di 250 GT California Spyder LWB ne furono costruiti 50 di cui quattro in versione Competizione con carrozzeria interamente in alluminio. Nonostante il grande successo della 250 GT California Spyder LWB, fu evidente che una minore flessibilitá del telaio significava migliore maneggevolezza. La soluzione piú facile fu usare il telaio SWB (passo corto) appena introdotto sulla Ferrari 250GT Berlinetta SWB, questo perché con un interasse piú corto si sarebbe potuto costruire un telaio piú rigido per un'auo piú agile. E cosí nacque la Ferrari 250 GT California SWB Spyder che fu presentata al Salone dell'Auto di Ginevra del 1960. Le 250 GT California SWB erano macchine superiori poiché avevano freni a disco, un motore piú potente e beneficiati da un telaio da competizione. La California SWB sarebbe diventata parte integrante della leggenda del 250 per la sua apparenza suave e la sua abilitá nelle competizioni.

In questa foto si possono notare due particolari che identificano la California SWB, si tratta della ventilazione laterale piú corta con tre uscite, mentre la LWB aveva la ventilazione laterale a quattro uscite e dalle maniglie delle porte esterne dulla SWB e a scomparsa sulla LWB, senza tralasciare un interiore piú lussuoso. All'interno, ogni Spyder SWB era senza fronzoli. Una capote in tessuto fu installato che era ben proporcionato in posizione chiusa. Cos'ha di tanto speciale la SWB California Spyder? Innanzitutto, la **Bellezza del suo disegno**, quasi universalmente apprezzato, specialmente con i fari coperti. Ha armonia, equilibrio e proporzioni, da qualsiasi angolo la si guarda si vede fantastica. Anche le persone che non hanno conoscenza di cosa sia rimangono abbagliati dalla sua bellezza. Poi c'é **l'esperienza di guida**. I 280 CV del motore tre litri V12 accoppiato con il telaio passo corto di 2400 mm, rende questa macchina gratificante da guidare. Ed infine **la Raritá**.

Solo 51 250 GT California SWB Spyder furono costruiti con carrozzeria in lamiera d'acciaio e 3 furono costruiti con carrozzeria interamente in alluminio per le competizioni.

L'esemplare di California SWB (nella foto sopra) é la **2015GT**. É una delle tre costruite con la carrozzeria interamente in alluminio. Lo si puó riconoscere dal bocchettone della benzina che fuoriesce dal bagagliaio. Questo esemplare arrivó undicesimo alla 24 Ore di Le Mans nel 1960 con Schlesser e Sturgis.

Ferrari 250 TR (Testarossa)   (1957 – 1961)

Quando la Ferrari 250 Testarossa partecipó alla sua prima gara, la 1000 Km del Nurburgring del 26 Maggio 1957, nessuno avrebbe potuto immaginare che la macchina, iscritta quasi in incognito con i colori di una scuderia privata Americana, sarebbe diventata una delle Ferrari, da competizione, di maggior successo nella storia della marca. In questa rarissima foto viene immortalata

il primo prototipo Ferrari 250 Testarossa **0666TR** che terminó decima assoluta, al suo debutto, alla 1000 Km del Nurburgring del 1957 condotta da Masten Gregory e Olindo Morolli. Questo prototipo fu costruito da Ferrari in previsione del cambio del regolamento vetture sport. La CSI (Commissione Sportiva Internazionale) stava giá pensando alla maniera di rendere le corse automobilistiche piú sicure e piú popolari. Gli incidenti mortali alla 24 Ore di Le Mans del 1955 e alla Mille Miglia del 1957 avevano inflitto a questo sport un duro colpo. Durante l'anno 1957 vari metodi furono discussi per limitare la velocitá delle auto e rendere lo sport piú accessibile. Nel mese di Settembre del 1957 fu annunciato il nuovo regolamento per la stagione 1958, limitando la capacitá del motore a tre litri. Ferrari non si fece trovare impreparato. Anticipando gli imminenti cambi di regolamento, in primavera del 1957 aveva già messo a punto un programma di sviluppo della nuova auto facendola correre a fianco delle auto impegnate all'assalto al titolo mondiale marche del 1957. Il primo segnale di cosa stava maturando alla Scuderia Ferrari fu una 250 GT equipaggiata con una versione più spinta del Colombo V12 che mostró un passo sbalorditivo alla Mille Miglia del 1957. Quel motore era caratterizzato da un albero a camme e una fasatura più aggressiva e sviluppava una impressionante potenza di 280 CV. Per la 1000 Km del Nurburgring un motore identico fu montato in un telaio 290 MM, che fu rivestita con una carrozzeria simile a quella di una Ferrari 500 TRC. Un secondo prototipo, telaio **0704TR** con un motore eperimentale di 3.1 litri di 320 CV, fu costruito con carrozzeria disegnata da Scaglietti stile " pontoni ". I due prototipi parteciparono alle restanti gare della stagione principalmente come banco prova. Con il completo regolamento annunciato all'inizio del mese di Settembre, Ferrari incominció a mettere insieme un auto con le esperienze fatte nelle prove durante l'anno 1957. Si inizió con telaio tubolare in acciaio del primo prototipo, si montó un assale posteriore DeDion e il motore V12 ultima generazione di tre litri con sei carburatori doppio corpo che erogava una potenza di 300 CV, carrozzata da Scaglietti. Foto in basso.

In questa foto la Ferrari 250 TR Scaglietti telaio **0704TR** pronta per le gare della stagione 1958. L'auto fu presentata alla consueta conferenza stampa del mese di Novembre e fu battezzata con il nome di 250 Testarossa. La stampa Inglese rimarcava che la Ferrari 250 TR era un'auto troppo elaborata e obsoleta fin dall'inizio con un telaio troppo pesante, un motore vecchio e freni a tamburo. I pochi critici rimasti furono rapidamente messi a tacere dopo la dimostrazione di una Ferrari dominante, all'inizio della stagione 1958, con le vittorie della 1000 Km di Buenos Aires e della 12 Ore di Sebring.

Tornati in Europa, si prevedeva una dura opposizione da parte delle Aston Martin. La DBR1 tre litri provó di essere un degno avversario specialmente nelle mani di Stirling Moss. La Targa Florio del 1958 era la terza gara dell'anno e la Ferrari conquistó un'atra brillante vittoria co la 250 TR58 telaio **0726TR** con i piloti Luigi Musso e Olivier Gendebien. Foto in alto.

Alla quarta gara della stagione, la 1000 Km del Nurburgring, Ferrari fu forzata dagli organizzatori ad usare una marca inferiore di carburante fornita dallo sponsor. Nonostante la minaccia di Enzo Ferrari di ritirare le sue macchine, i tedeschi non cambiarono idea ed i meccanici furono costretti ad apportare modifiche dell'ultimo minuto alle sette 250 TR iscritte. Quel tipo di carburante non funzionó bene nei motori Ferrari. L'Aston Martin vinse la corsa, peró la Ferrari 250 TR telaio **0704TR** arrivó seconda con Mike Hawthorn e Peter Collins, sufficente per conquistare ancora una volta il Mondiale Marche con una gara d'anticipo. A questo punto tutti gli occhi erano puntati alla 24 Ore di Le Mans, la ultima corsa della stagione 1958. Naturalmente Ferrari era giá Campione del Mondo peró la 24 Ore di Le Mans era una corsa molto prestigiosa e la Ferrari era ben intenzionata a vincere per la terza volta la leggendaria corsa di durata.

La allineazione delle Ferrari 250 TR58 alla partenza della 24 Ore di Le Mans del 1958

Le macchine della Scuderia Ferrari erano facilmente riconoscibili da quelle dei clienti per la carrozzeria avvolgente nella parte anteriore, per questa ragione venivano identificate con la sigla 250 TR58. Phil Hill e Olivier Gendebien con una guida attenta e veloce portarono la loro TR58 telaio **0728TR** ad una ben meritata vittoria

La Ferrari 250 TR58 telaio 0728TR vittoriosa alla 24 Ore di Le Mans 1958 con Hill e Gendebien

Chiusa la stagione 1958 con la convincente vittoria a Le Mans, La Ferrari si mise immediatamente al lavoro con l'obiettivo della stagione 1959. Furono costruiti 24 esemplari tra il 1957 e 1958, inclusi i due prototipi. Cessarono la produzione delle 250 TR per i clienti per concentrarsi completamente sulla produzione delle auto della Scuderia Ferrari. Gran parte del lavoro di sviluppo si concentrò sulla costruzione dei nuovi telai e la installazione e messa a punto dei nuovi freni a disco della Dunlop. Un piccolo miglioramento fu fatto sui motori portando la potenza a 306 CV, che vennero installati sui nuovi telai

10 cm più a sinistra per allinearli con il nuovo cambio a cinque marce della Colotti. La carrozzeria fu disegnata da Pininfarina ma la costruzione fu affidata alla carrozzeria Fantuzzi di Modena che rilevò Scaglietti perchè molto impegnato con le GT stradali. Il risultato fu un'auto più leggera e leggermente più potente del suo predecessore. Con la cancellazione della 1000 Km di buenos Aires, la prima gara si sarebbe svolta con la 12 Ore di Sebring. Le 250 TR59 ebbero problemi con il nuovo cambio però questo non impedi di conquistare una brillante vittoria con l'auto **0766TR** guidata da Phil Hill , Oliver Gendebien e Dan Gurney.

<u>La 250 TR59 telaio 0766TR vittoriosa alla 12 Ore di Sebring 1959 con HILL, Gendebien e Gurney</u>

Però in Europa le cose cambiarono drasticamente. Alla Targa Florio del 1959 ci fu una completa disfatta. Le tre auto della Scuderia Ferrari si ritirarono per problemi alla trasmissione, lasciando una facile vittoria alla Porsche. Alle preliminari di le Mans nel mese di Aprile, ancora ebbero problemi con il cambio, peró, inspiegabilmente, non si fece nessun intrvento per la gara ed ai piloti fu raccomandato di non superare i 7500 giri. Peró appena si abbassó la bendiera dell'avvio sembra che si dimenticarono della raccomandazione, ignorarono l'istruzione con il risultato che tutte e tre le macchine della Scuderia Ferrari dovettero ritirarsi con seri problemi alla trasmissione. La vittoria fu appannaggio della Aston Martin guidata dai piloti Carrol Schelby e Roy Salvadori. Il mondiale 1959 si chiuse con la vittoria della Aston Martin alla 1000 Km Del Nurburgring. Il 1959 fu un anno disastroso per la Scuderia Ferrari. Dopo aver perso, per pochissimi punti, il campionato mondiale Sport del 1959 a favore dell'Aston Martin, le cose dovettero cambiare e Ferrari modificó le TR59 in TR59/60. A disposizione della fabbrica c'erano alcune 250 TR59 che erano state sviluppate per il 1960. Un gruppo di ingegneri, guidati da Carlo Chiti, dedicarono il poco tempo che avevano a migliorare il Testarossa per la stagione 1960. L'evoluzione sulle precedenti vetture ebbe una grande influenza sulla forma generale delle auto ma, la nuova TR59/60 era differente. I nuovi regolamenti fatti dalla CSI tentarono di far apparire i prototipi sport come auto GT. Per stare nella linea dei nuovi regolamenti, la TR59/60 doveva avere un raggio di sterzata piú stretto, un parabrezza piú grande, tergicristalli e un bagagliaio. Questi sostanziali cambiamenti differenziavano le TR59/60 dalle TR59.

La Ferrari 250 TR59/60 telaio 0770TR

Tre dei vecchi TR59 furono convertiti con le nuove specificazioni caratterizzati da un parabrezza piú grande e lo scarico con uscita laterale. A questi, piú avanti nella stagione, si aggiunsero due auto speciali TRI60 nei quali furono montati le sospensioni indipendenti della 246 formula 1. Quest'auto altamente avanzato era considerevolmente piú leggero del normale TR59/60 e dava una migliore sensazione nelle curve. La prima vittoria della stagione 1960 arrivó alla 1000 Km di Buenos Aires con la 250 TR59/60 telaio **0774TR** guidata da Phil Hill e Cliff Alison. Successivamente la Ferrari boicottó la 12 Ore di Sebring perché erano stati forzati ad usare il carburante dello sponsor piú o meno come successe al Nurburgring due anni prima. Una TR59 privata telaio **0768TR** arrivó terza conquistando 4 punti preziosi con Peter Lovely e Jack Nethercutt. In seguito la Targa Florio e la Mille Km del Nurburgring non favorirono le 250 Testarossa e vinsero rispettivamente Porsche e Maserati. A Le Mans l'ordine fu ristabilito con la vittoria della 250 TR59/60 telaio **0774TR** guidata da Olivier Gendebien e Paul Frére, riconquistando la corona mondiale Sport battendo la Porsche di soli 4 punti.

La Ferrari 250 TR59/60 0774TR alla 24 Ore di Le Mans 1960 con Gendebien e Frére

Ferrari continuó lo sviluppo del collaudato 250 TR ancora per un anno, entrando nella stagione 1961. Per una volta , non fu la sua natura conservatrice ad impedirgli il progetto di una nuova auto da competizione ma un incombente cambio di regolamenti per il titolo mondiale dal 1962 in poi. La CSI decise che dal 1962 il titolo mondiale costruttori sarebbe stato riservato alle automobili della classe GT. Di conseguenza, Ferrari riservó meno energie e risorse ai prototipi sport per concentrarsi con piú energie al nuovo obiettivo, il Campionato del Mondo GT. La 250 TRI61 fu l'ultimo gradino di sviluppo del prototipo 250 TR. A causa dei problemi di visibilitá nel disegno del 250 TRI60, gl'ingegneri Ferrari, tra cui Giotto Bizzarrini e Carlo Chiti, furono incaricati di una totale riprogettazione della carrozzeria della 250 TR per la stagione 1961. Di conseguenza, la nuova carrozzeria TRI61 incorporó una serie di drammatiche variazioni, conprovati dalle nuove teorie aerodinamiche e dalle prove alla galleria del vento. Il parabrezza aveva una pendenza piú graduale e avvolgeva entrambi i lati dell'abitacolo del pilota per incontrarsi con la carrozzeria posteriore. Al posto del cupolino per la testa del pilota, la 250 TRI61 aveva una carrozzeria posteriore molto alta che incontrava il bordo posteriore dei parabrezza laterali fino a terminare con una coda tronca leggermente concava. La presa d'aria anteriore era divisa in due aperture, introducendo il tipico stile squalo. La TRI61 era caratterizzta da un sofisticato telaio costruito con tubi di acciaio di diametro relativamente grandi ed aveva le sospensioni indipendenti ed i freni a disco sulle quattro ruote. L'unica cosa rimasta dell'originale Testarossa era il motore V12 di tre litri che, ufficialmente, dava 315 CV accoppiato ad un cambio di cinque marce. Durante le prove della 250 TRI61, un pannello deflettore angolato a tutta larghezza fu Installato lungo il bordo superiore della parte posteriore della carrozzeria. Questo fu installato per evitare che i gas di scarico entrassero nell'abitacolo del pilota in fase di decelerazione. Durante le prove del prototipo con il deflettore, il pilota Richie Ginther commentó che la stabilitá migliorava alle alte velocitá. Gli ingegneri della Ferrari avevano creato uno spoiler posteriore ben prima che gli ingegneri capissero la teoria areodinamica sul posteriore. Rispetto al suo predecessore, la TRI61 era considerevolmente piú lunga e nonostante l'aumento delle dimensioni, in realtá era piú leggera.

La Ferrari 250 TRI61 telaio 0792TR vittoriosa alla 12 Ore di Sebring 1961 con Hill e Gendebien

Due nuovi telai furono costruiti prima della stagione 1961, la **0792TR** e la **0794TR**, mentre una 250 TRI60 telaio **0782TR** fu aggiornata alle specifiche del 1961 peró senza mai essere stata usata nelle gare. La 250 TRI60 telaio **0780TR**, che in seguito ricevette il frontale tipo squalo, era usata come muletto per le prove e per lo sviluppo e fu usata ampiamente nelle gare in questa veste in quanto c'erano dei problemi con la seconda TRI61. Le auto debuttarono nella veste 1961 alla 12 Ore di Sebring dove Phil Hill e Olivier

Gendebien, con la nuova TRI61 telaio **0792TR** terminarono vittoriosi davanti ai compagni di Scuderia, che finirono al secondo posto assoluto con il muletto TRI60 telaio **0780TR**. Nelle due seguenti gare, Targa Florio e 1000 Km del Nurburgring, La scuderia Ferrari usó solo il muletto 250 TRI60 telaio **0780TR** come supporto alle Dino 246 con motore centrale piú adatte a queste piste.

La Ferrari 250 TRI61 telaio 0794TR vittoriosa alla 24 Ore di Le Mans 1961 con Hill e Gendebien

A Le Mans 1961, la Scuderia Ferrari si presentó con tre vetture, le due TRI61 nuove e il muletto. La seconda 250 TRI61 telaio **0794TR** fece il suo debutto con una fantastica vittoria, ancora con Phil Hill e Olivier Gendebien al volante, mentre la vettura gemella si ritiró per rottura del motore. Il muletto riuscí a conquistare la seconda posizione. Con l'importantissima vittoria di Le Mans in tasca, le due TRI61 furono vendute. La **0792TR** al Conte Giovanni Volpi di Misurata della Scuderia Serenissima e la **0794TR** a Luigi Chinetti, che continuarono ad usarle per varie stagioni con considerevoli successi. Alla 4 Ore di Pescara "Coppa Acerbo", ultima gara del mondiale sport 1961, la scuderia Ferrari si presentó con il solo muletto telaio **0780TR** que conquistó la vittoria assoluta con i piloti Italiani Lorenzo Bandini e Giorgio Scarlatti.

La Ferrari 250 TRI60 telaio 0780TR vittoriosa alla 4 Ore di Pescara 1961 con Bandini e Scarlatti

E per chiudere la sua stupenda e brillantissima carriera sportiva, la Ferrari 250 Testarossa conquistó la sua ultima importante vittoria alla 12 Ore di Sebring del 1962. La vittoria fu appannaggio della **0792TR** della Scuderia Serenissima di Giovanni Volpi con i piloti Jo Bonnier e Lucien Bianchi, mentre la gemella **0794TR** della Scuderia N.A.R.T. di Luigi Chinetti fu scualificata per rifornimento illegale. 34 esemplari della 250 Testarossa furono costruiti tra il 1957 e il 1961 riportando numerosissime vittorie e tre titoli mondiali marche.

La Ferrari 250 TRI61 telaio 0792TR vittoriosa alla 12 Ore di Sebring 1962 con Bonnier e Bianchi

Ferrari 250 GT Pininfarina Coupé   (1957 – 1960)

Presentata nel 1958 al Salone dell'Auto di Parigi, la 250 GT Pininfarina Coupé rappresentava l'intento di Ferrari di produrre eccellenti auto stradali, per mostrare la comprovata tecnologia da corsa e per soddisfare il crescente interesse del mercato nordamericano. Le auto erano eleganti, sobrie e lussuose. Dotato del belissimo e potente motore V12 da tre litri, la 250 GT divenne la classica Ferrari per antonomasia, offrendo un generoso spazio per gli occupanti e bagagli, aspetto elegante e prestazioni senza rivali.

La Ferrari 250 GT Pininfarina Coupé prima serie telaio telaio 1007GT

Furono costruite due serie della 250 GT Pininfarina Coupé, la serie 1958/59 e la serie 1959/60. La seconda serie benefició di importanti miglioramenti ereditati direttamente dalle auto da competizione (Testarossa e Tour de France), come le doppie molle valvole elicoidali che permettevano una piú alta rivoluzione del motore, doppio distributore di accensione, candele posizionate all'esterno delle teste cilindri, tre carburatori piú grandi. Il motore tipo 128F produceva circa 260 CV. Proprio allo stesso modo, la 250 Coupé divenne anche la prima Ferrari da strada ad essere equipaggiata con freni a disco. Questa generazione di 250 GT due posti rappresentó un vero e proprio capolavoro nella storia della Ferrari. Piú bassa e molto piú elegante della 250 GT Boano, l'estetica della Pininfarina Coupé si avvicinó molto alla perfezione, con i montanti del parabrezza sottili e l'abitacolo corto e leggero. É ancora una delle auto piú belle mai realizzate, anche per gli standard di oggi. La 250 GT Pininfarina Coupé, nella foto in basso, telaio **1977GT** é una

La Ferrari 250 GT Pininfarina Coupé seconda serie telaio 1977GT

Seconda serie. Fu venduta nel 1960 a Silvio Gamberini di Bologna. Di colore grigio fumo con l'interiore nero. Gamberini vendette l'auto al Dr. George Kneller che, a quel tempo, si trovava in Europa per servizio militare, che ha poi spedito la 250 GT Coupé negli Stati Uniti. Nel 1973 Kneller vendette l'auto al Dr. John Bukovnik. Nei 30 anni succesivi in possesso di Bukovnik l'auto fu tenuta custodita fino a quando, tristemente, morí, con conseguente vendita dell'auto che aveva percorso solo 170 miglia da quando lo compró. Greg Brendel di Dallas compró l'auto nel 2002. Fece fare alcuni lavori di meccanica peró l'estetica della vettura é rimasta originale e ben conservata. Come risultato, questo ha portato l'auto a ricevere il premio Silver Class Award nel 2006 al Cavallino Classic in Palm Beach. Nel 2012 Brendel vendette l'auto ad un suo amico Inglese che lo importó in Inghilterra. La Ferrari 250 GT Pininfarina Coupé telaio **1977GT** si presenta oggi nella sua veste originale di fabbrica e mantiene un perfetto equilibrio tra condizione e originalitá. Questo bell'esemplare si guida magistralmente e conserva ancora la sua originalitá. Altro interessante esemplare é la Ferrari 250 GT Pininfarina Coupé, nella foto in basso, telaio **0853GT**, un prototipo venduto a Bertil Gustaf Oskar Carl Eugen, HRH Prince Bertilof Sweden.

Verniciata blu di Svezia e consegnata al Principe di Svezia in Marzo del 1958 nella sua residenza estiva villa " Mirage " a Saint-Maxime in Francia, che usava durante le vacanze. Nel 1960 furono installati i freni a disco Amadori. Nel 1966 fu parcheggiata per un lungo periodo presso la concessionaria Ferrari di Charles Pozzi a Parigi. Nel 2000 fu completamente restaurata come originale dalla Carrozzeria Auto Sport di Bastiglia, Modena. Nel 2007 finí nelle mani di Lee Herington, Stati Uniti, che tuttora ne é in possesso. Non abbastanza ricercato come alcune altre Ferrari dell'epoca, molte 250 GT Coupé caddero vittima di costruttori di repliche.

Delle 351 costruite dal 1958 al 1960, si stima che meno della metá della produzione originale sia sopravvissuta con la forma originale di una Ferrari 250 GT Pininfarina Coupé. Fortunatamente, il prezzo é aumentato a sufficenza negli ultimi anni da rendere altamente improbabile qualsiasi conversione. Nella foto sotto un esemplare unico della 250 GT Pininfarina Coupé Speciale.

Ferrari 250 GT Interim Berlinetta(1959)

Tra il 1955 e il 1959, Ferrari produsse circa 100 esemplari del modelo, di grande successo, 250 GT Competizione, costruiti nella versione passo lungo di 2600 mm. L'ultimo di questi offrí una visione del futuro modello nuovo, passo corto (2400 mm), che sarebbe stato presentato al Salone dell'Auto di Parigi del 1959. In retrospettiva, giustamente indicato come " Interim

Berlinetta ", i sette esemplari costruiti servivano per valutare il nuovo progetto in pista. La nuova carrozzeria di Pininfarina si distaccava molto dal suo predecessore 250 GT Competizione TdF. Ben adattato al telaio LWB, era piú curvilinea e caratterizzato da sbalzi anteriore e posteriore piú corti.

Il primo esemplare fu disegnato e realizzato da Pininfarina, che differiva dalle altre per la mancanza della presa d'aria sul cofano motore, mentre gli altri sei esemplari furono realizzati da Scaglietti su disegno di Pininfarina. Le carrozzerie erano tutte costruite in alluminio. Le Mans si dimostró un banco prova ideale per la 250 GT Interim. Due auto furono iscritte alla 24 Ore di Le Mans del 1959. La prima della serie costruita da Pininfarina telaio **1377GT** e la seconda della serie realizzata da Scaglietti telaio **1461GT**. Le due vetture si comportarono eccellentemente portando a termine la massacrante gara di durata Francese. La 250 GT Interim telaio 1461GT, iscritta dalla N.A.R.T. di Luigi Chinetti, terminó al quarto posto assoluto, foto seguente, con al volante

Andre Pilette e George Arents. La 250GT Interim telaio 1377GT, iscritta dal Venezuelano Lino Fayen, arrivó sesta assoluta, nella foto in basso, con al

volante, Lino Fayen e Gino Munaron. Le altre cinque 250 GT Interim furono consegnate in tempo per il Tour de France ai rispettivi clienti e ancora una volta l'ultima evoluzione della 250 GT eccelleva in questo estenuante evento.

L'ultimo esemplare realizzato telaio **1523GT**, guidata da Olivier Gendebien e Lucien Bianchi, centró quella che fu la quarta vittoria consecutiva per la Ferrari 250 GT Competizione al Tour de France 1959.

La Ferrari 250 GT Inerim telaio 1523GT vittoriosa al Tour de France 59 con Gendebien e Bianchi

L'arrivo del nuovissimo 250 GT SWB, che portava avanti il disegno e le modifiche al motore dell'Interim in un pacchetto piú compatto, alzó la barra notevolmente. Anche se formano l'anello mancante tra due distinte generazioni di 250 GT, la Interim Berlinetta non é molto conosciuta.

Ferrari 250 GT SWB Berlinetta (1959 – 1962)

Forma e funzione possono essere combinati molto bene nel design automobilistico, la Ferrari 250 GT SWB (passo corto) sottolinea ció come pochi altri. Presentata al Salone dell'Auto di Parigi del 1959 con l'esemplare **1539GT**, macchina che a volte veniva definita come prototipo a causa della mancanza di alcune distintive caratteristiche, la 250 GT SWB aveva l'aspetto molto simile alla 250 GT Interim del 1959. La unica differenza visuale stava nella mancanza del vetro laterale fisso al lunotto posteriore. La SWB era priva delle prese d'aria ai parafanghi, dei condotti di raffreddamento all'anteriore e dei vetri girevoli alle porte. Di tutte le SWB, questa macchina aveva la linea meno interrotta. Sergio Pininfarina la definí come " il primo dei nostri tre passi giganti nel disegno con Ferrari".

La Ferrari 250 GT SWB Berlinetta telaio 1539GT presentata al Salone dell'Auto di Parigi del 1959

Il nuovo telaio era simile nel disegno alle 250 GT impiegate nelle competizioni durante gli anni 50, peró con un passo piú corto di 200 mm , portando la misura del passo a 2400 mm, da lí il nome SWB (passo corto). L'interasse da 2400 mm era considerato l'ideale per una migliore agilitá e manovrabilitá dell'auto. Altro importante miglioramento fu l'adozione dei freni a disco sulle quattro ruote. Il 1959 fu l'anno in cui Ferrari adottó il sistema frenante a disco su alcuni modelli in produzione. Progettata e sviluppata da Giotto Bizzarrini come rigorosa macchina da corsa, le carrozzerie dei primi esemplari della SWB furono realizzate completamente in alluminio. Nel 1960 Ferrari introdusse il modello stradale identificato come versione " Lusso " che aveva i tubi del telaio di maggior diametro, un interiore piú completo e una carrozzeria in lamiera d'acciaio. Molto lavoro fu fatto sul motore. Sebbene la sua capacitá totale, l'alesaggio e corsa fossero esattamente gli stessi del primo motore 250 GT, era un motore completamente differente, risultato di sei anni di sviluppo. Furono aggiornate le teste cilindri con candele esterne e 12 porti di ammissione. Conosciuto come tipo 168B, questi avevano anche doppie molle elicoidali sulle valvole che davano spazio a piú prigionieri delle teste cilindri per ottenere una piú efficace sigillatura, inoltre furono montati carburatori Weber piú grandi. Generalmente i motori V12 della SWB producevano dai 250 a 280 CV dipendendo dal tipo di messa a punto.

Nel 1959 solo due 250 GT SWB furono realizzate, la **1539GT** e la **1613GT** presentate, rispettivamente a Parigi e a Torino. Il prototipo fu disegnato e realizzato da Pininfarina, mentre tutte le altre SWB furono realizzate da

Scaglietti su disegno di Pininfarina. I modelli da competizione furono prodotti fino al 1962 con piccoli aggiornamenti. Gli ultimi esemplari si distinguevano per i vetri delle porte piú dritte nella parte superiore e per i parafanghi posteriori piú pronunciati. Nel 1960 la 250 GT SWB debuttó alla 12 Ore di Sebring con la **1785GT** terminando al quarto posto assoluto con Hugus e Pabst al volante, mentre il prototipo **1539GT** terminó sesto assoluto. Piú avanti nella stagione 1960, la 250 GT SWB fu omologata dalla FIA come auto Gran Turismo, giusto in tempo per la 24 Ore di Le Mans del 1960. Il dominio della Ferrari nelle competizioni internazionali GT continuó nel 1960, le nuove 250 GT SWB Berlinetta erano quasi imbattibili. Il Tour de France 1960 fu un completo dominio, con le SWB che conquistarono le prime tre posizioni alla fine della maratona di 5500 km. La vittoria fu appannaggio della Ferrari 250 GT SWB telaio **2129GT** con al volante Willy Mairesse e Georges Berger.

<u>Ferrari 250 GT SWB Berlinetta 2129GT vincitrice del Tour de France 1960 con Mairesse – Berger</u>

A Le Mans il 25-26 di Giugno 1960 il dominio fu ancora piú completo. La specifica Weber 38DCN fu veramente un successo quando le auto si piazzarono quarto, quinto, sesto e settimo assoluto e primo nella Classe GT. La 250 GT SWB telaio **2001GT** terminó quarta assoluta e vinse la Classe GT con al volante Fernand Tavano e Pierre Dumay, nella foto sotto.

Stirling Moss, nella foto sotto, ottenne la prima importante vittoria della 250 GT SWB al Tourist Trophy, Goodwood del 1960, che non era valido per il

titolo mondiale quell'anno, con la SWB **2119GT**. Ripetendosi, una settimana dopo, con una vittoria al Redex Brands Hatch e nel mese di Novembre vincendo di nuovo al Tourist Trophy Nassau. La vettura apparteneva alla scuderia di Rob Walker ed era verniciata blu scuro con una grande banda Bianca nella parte anteriore. Alla fine della stagione 1960, l'auto fu venduta a Tommy Sopwith della Scuderia Endevour che affidó l'auto a Mike Parkes per la successiva stagione. La stessa SWB , nelle mani di Mike Parkes vinse la Molyslip Trophy, Snetterton in Marzo 1961; la Fordwater Trophy, Goodwood in Aprile 1961;ed arrivó secondo assoluto al Tourist Trophy, Goodwood del 1961.

La Ferrari 250 GT SWB Berlinetta 2119GT completamente restaurata

Senza alcun dubbio la 2119GT é la piú iconica Ferrari 250 GT SWB ed effettivamente una delle Ferrari piú importanti esistenti. L'ultima importante gara dell'anno 1960 fu la 1000 Km di Parigi a Monthléry. La 250 GT SWB **2149GT** arrivó prima assoluta con Olivier Gendebien e Lucien Bianchi.

La Ferrari 250 GT SWB 2149GT vittoriosa alla 1000 km di Parigi 1960 con Gendebien e Bianchi

Nel 1961 furono apportate alcune modifiche alla 250 GT SWB. La rimozione della curvatura sul bordo superiore delle finestre laterali, lo spostamento del bocchettone per il rifornimento del carburante, parafanghi posteriori piú pronunciati, deflettori girevoli nelle porte e la presa d'aria dulla parte posteriore del tetto. Ma le modifiche piú importanti, per una serie limitata di venti esemplari, furono fatte sul telaio e sul motore. Il disegno del telaio era similare alle SWB del 1960, peró furono usati tubi di sezione piú piccola e piú leggeri e punti di rinforzo extra per aumentarne la rigiditá. Inoltre si modificarono i punti di ancoraggio delle sospensioni. Questo telaio piú leggero sosteneva una carrozzeria in lamiere d'alluminio eccezionalmente sottili di 1.1 mm. Basato sulla Testarossa, il motore ricevette gli stessi aggiornamenti del tipo 168B/61. Teste cilindri della Testarossa, gli alberi a camme del tipo 130 con maggior alzata, valvole maggiorate, un maggior diametro dei collettori di scarico, collettori di aspirazione piú grandi, sei carburatori doppio corpo Weber 46DCF/3, piuttosto sovradimensionati, che produceva una potenza di oltre 300 CV. E per finire i coperchi valvole, il carter e la scatola della distribuzione erano in lega di Magnesio. Questa limitata serie era identificata come 250 GT SWB Berlinetta Comp/61.

a Ferrari 250 GT SWB Berlinetta Comp/61 2689GT

La stagione 1961 fu un anno prolifico di vittorie per la 250 GT SWB. inizió in Marzo con la 12 Ore di Sebring dove la **1931GT** terminó la gara con la vittoria della classe GT. Ma la grande sorpresa fu che a condurla alla vittoria fu una donna, Denise McCluggage e il suo copilota Allen Fager. In realtá fu una vera sorpresa vedere Denise guidare con tanta perizia la SWB numero 12. L'esemplare **2417GT** fu la prima delle Ferrari 250 GT SWB Comp/61 ed é l'unica SWB usata dalla Scuderia Ferrari nella stagione 1961. Debuttó alla 500 Km di Spa Francochamps terminando al primo posto assoluto guidata da Willy Mairesse e quinto assoluto alla 1000 Km del Nurburgring con al volante Willy Mairesse e Giancarlo Baghetti, foto nella seguente pagina. In Luglio del 1961 fu venduta alla Maranello Concessionaires UK. Affidata a Mike Parkes, successivamente pilota ufficiale della Scuderia Ferrari, continuó la carriera

sportiva con il secondo posto assoluto al Tourist Trophy, Goodwood; il primo posto assoluto alla Molyslip Trophy, Snetterton ed al primo posto assoluto ad Oulton Park, sempre con alla guida Mike Parkes.

L'esemplare **2689GT,** nella foto sopra**,** fu condotta al terzo posto assoluto e primo della classe GT alla 24 Ore di Le Mans del 1961 da Pierre Noblet e Jean

Guichet. Continuarono a gareggiare con la macchina collezionando, probabilmente, il record piú desiderabile di tutte le 250 GT SWB. Nel 1984, dopo nove anni di restauro, apparve al Concorso di Pebble Beach. Da allora partecipó a molti concorsi prestigiosi in varie parti del mondo. La Berlinetta Comp/61 telaio **2735GT** fu una delle sole tre SWB costruite con la guida a destra, e fu la seconda acquistata da Rob Walker per Stirling Moss. É stata anche la Berlinetta SWB che ha gareggiato, nel periodo, con al volante tre grandi piloti dell'epoca, Stirling Moss, Graham Hill ed Innes Ireland. La macchina fu consegnata a Le Mans il 6 di Giugno 1961 per la classica 24 ore con i colori di Rob Walker, blu scuro con banda bianca sull'anteriore. Stirling Moss e Graham Hill, che fecero il giro record per la classe GT, non terminarono la classica gara a causa della rottura di una pala del ventilatore che danneggió la pompa dell'acqua cuando, alla nona ora, erano terzi nella generale ben avanti rispetto a vari prototipi ufficiali.

La Ferrari 250 GT SWB Comp/61 telaio 2735GT con Moss e Hill alla 24 Ore di Le Mans del 1961

Al Silvestone International Trophy del 1961, la Berlinetta SWB con al volante Stirling Moss terminó al primo posto assoluto, pole position e record sul giro.

La 250 GT SWB affrontava per la prima volta le nuove Jaguar E-Types, che avevano conquistato tutti i media al loro lancio. La **2735GT** sconfisse le Jaguar E-Types guidate da Graham Hill, Bruce MacLaren e Roy Salvadori. Un mese piú tardi al Brands Hatch Peco Trophy, la Berlinetta SWB con al volante Stirling Moss ottenne la vittoria, pole position e record sul giro. Le Jaguar E-Types ancora una volta uscirono sconfitte con alla guida Graham Hill, Roy Salvadori e Bruce MacLaren. Due settimane dopo si correva la famosa Tourist Trophy di Goodwood. La Ferrari 250 GT SWB 2735GT, con al volante Stirling Moss, vinse sconfiggendo Mike Parkes con un'altra SWB e le Aston Martin DB4 Zagato guidate da Jim Clark e Roy Salvadori. Giotto Bizzarrini, che supervisava le Ferrari, dopo la gara condusse, oltre le Alpi, la SWB **2735GT** di ritorno alla fabbrica in Maranello. Nel mese di Dicembre del 1961, al Tourist Trophy di Nassau, la SWB 2735GT con al volante Stirling Moss conseguí un'altra prestigiosa vittoria. Questa fu la ultima gara e ultima vittoria di Stirling Moss prima del terribile incidente. Questa macchina ha messo in imbarazzo i migliori sforzi Britannici di Aston Martin e Jaguar.

La Ferrari 250 GT SWB 2735GT vincitrice al Goodwood Tourist Trophy del 1961 con Stirling Moss

A fine stagione l'auto fu venduta a Christopher Kerrison che al Goodwood Tourist Trophy del 1962 ebbe un incidente danneggiando seriamente l'auto. Kerrison incaricó Giotto Bizzarrini, che nel frattempo aveva lasciato la Ferrari, a ricostruire la SWB 2735GT. Bizzarrini fece realizzare la carrozzeria, come pseudo GTO, dalla Carrozzeria Auto Sport di Drogo a Modena. Negli anni succesivi la SWB 2735GT, con la carrozzeria Drogo, partecipó ad un gran numero di gare in vari circuiti d'Europa come SPA, Nurburgring, il Tour de France e vari circuiti Britannici

La Ferrari 250 GT SWB Berlinetta chassis 2735GT con la carrozzeria di Drogo

Nel Settembre 2007 l'attuale proprietario, Clive Beecham, incaricó Ferrari Classiche per una completa restaurazione dell'auto. La SWB 2735GT é stata oggetto di numerose riparazioni nel corso deli anni. Quando fu interamente disassemblata da Ferrari Classiche, vennero alla luce molte riparazioni incorrette al telaio, e questi furono rettificati secondo i disegni originali della fabbrica. Il motore fu completamente revisionato, il blocco motore fu costruito nuovo dalla fabbrica, rispettando le corrette specifiche, per sostituire il blocco motore non originale installato nel 1967. Furono revisionati il cambio e il differenziale e tutti i componenti usurati o non originali furono riparati o sostituiti con parti originali. Furono installati sei nuovi carburatori Weber 46DCF/3 come da specifica originale. E le parti non disponibili come pistoni, bielle e alberi a camme furono realizzate da Ferrari Classiche usando i disegni originali custoditi negli archivi della fabbrica. Per quanto riguarda la provenienza della vettura, Ferrari Classiche effettuó un'operazione di ricostruzione e messa a punto della carrozzeria. Il risultato fu una Ferrari 250 GT SWB Berlinetta nel pieno rispetto dei corretti criteri di specifiche tecniche e autenticitá come stabilito da Ferrari, con ogni singolo componente corrispondente alla descrizione esatta della macchina secondo il foglio di produzione quando lascíò la fabbrica nel Giugno del 1961. Il 30 di Aprile del 2009 fu riconsegnata a Stirling Moss a Maranello. Nella foto sotto

la consegna della Ferrari 250 GT SWB Berlinetta **2735GT** a Sir Stirling Moss alla presenza del proprietario Clive Beecham e Stefano Domenicali nel 2009. Prima della conclusione della stagione 1961, la 250 GT SWB ottenne altre due importanti e prestigiose vittorie. In ottobre 1961 si corse la massacrante Tour de France. Una gara della durata di 9 giorni e piú di 5000 Km da percorrere. La gara fu vinta dalla Ferrari 250 GT SWB **2937GT** con al volante Willy Mairesse e Georges Berger. Le SWB occuparono i primi quattro posti.

La Ferrari 250 GT SWB 2937GT vittoriosa al Tour de France del 1961 con Mairesse e Berger

Nell'Ottore del 1961 si svolse l'ultima gara della stagione, la 1000 km di Paris a Monthléry. In questa occasione a conquistare la vittoria fu la 250 SWB **3005GT** della scuderia N.A.R.T. con al volante due piloti Messicani, i fratelli Pedro e Riccardo Rodriguez. Nella foto sotto.

Negli anni 1960 e 1961 il dominio dela Ferrari 250 GT SWB nelle gare GT fu completo con applastanti vittorie in tutto il mondo. Sebbene abbia avuto un grande successo , c'era un grosso andicap nel disegno della SWB, condivideva le sue caratteristiche aerodinamiche con una roccia. Dopo soli due anni di competizioni era giá pronta per la sostituzione. Durante un inverno passato a continue prove, il risultato fu la 250 GTO equipaggiata con una carrozzeria piú aerodinamica ed un completo motore della 250 TR.

Ferrari 250 GTE 2+2   (1960 – 1963)

Mentre il Cavallino Rampante é meglio conosciuto per le sue auto ad alte prestazioni e macchine da corsa vincenti, persino i migliori di Maranello dovettero, occasionalmente, piegarsi ai capricci del mercato dei veicoli per passeggeri. Peró non vediamolo come un compromesso, piuttosto vediamolo come una combinazione di velocitá e usabilitá, catapultando la gente comune che si muove nello straordinario regno dei vertici e bandiere a scacchi. Questo fu il caso della Ferrari 250 GTE 2+2, Il primo vero modello a quattro posti del marchio Ferrari. La ricerca della massima comoditá di guida e delle qualitá di abitabilitá che sono stati prima instillati nella 250 GT Coupé e Cabriolet furono realizzati anche nella 250 GTE 2+2, presentata al Salone dell'Auto di Parigi nel 1960. La Ferrari 250 GTE 2+2 Pininfarina Coupé, foto nella seguente pagina, é una pre-produzione ed é il secondo modello GTE presentato al Salone dell'Auto di Parigi la seconda settimana nell'Ottobre del 1960, e fu utilizzato nelle prove su strada ed un reportage fotografico per il suo lancio. Vista da fuori, nella Ferrari 250 GT 2+2 spicca la magica penna del leggendario disegnatore Italiano Pininfarina, che ha attinto ai suoi studi sull'aerodinamica per creare una linea classica ed elegante. Adottando lo stesso telaio della versione Coupé, con l'interasse di 2600 mm, si guadagnó

sufficiente spazio per altri due posti spostando il motore, il classico Colombo V12 di tre litri tipo 128E, piú avanti di venti centimetri. Il pedigree di Gran Turismo di alta classe si rifletteva anche negli interni in pelle Connolly e negli strumenti con bordi cromati.

L'interiore del Ferrari 250 GTE 2+2 prima serie

La livrea dell'auto era, in maggioranza, nei colori metallici al posto del tradizionale rosso, che non era molto adatto alle Gran Turismo degli automobilisti con poca abilitá sportiva. Guardandola di lato, nella foto sotto,

Si nota il lungo profilo che va dal faro anteriore fino alle luci posteriori, con uno sbalzo anteriore corto, mentre lo sbalzo posteriore si trova ad una buona distanza dal parafango. Le proporzioni accentuano la linea del tetto tipo Coupé, dandogli una sensazione di slancio e velocitá.

In termini di estetica, la 250 GTE 2+2 prima serie con motore da 3.0 litri e successivamente l'auto con motore da 4.0 litri erano quasi identiche. Nel

1962 si apportarono alcune modifiche stilistiche, tra cui lo spostamento delle luci di profonditá sotto i fari anziché nella griglia del radiatore, un nuovo pannello strumenti e nuovi sedili.

L'interiore della Ferrari 250 GTE 2+2 terza serie

Ed infine si modificó i gruppi ottici posteriori con una singola unitá.

La Ferrari 250 GTE 2+2 terza serie vista dal lato posteriore

Negli ultimi 50 esemplari costruiti nel 1963 ed identificati come terza serie, Ferrari sostituí il motore V12 3.0 litri, di 240 CV di potenza, con un piú potente motore V12 4.0 litri tipo 128E/63 di 300 CV. Ora vorrei soffermarmi su un'esemplare che entró nella leggenda metropolitana della cittá di Roma. Tratto dal libro "Il poliziotto con la Ferrari" di Carmen Spatafora. Roma agli inizi degli anni 60. La criminalitá metropolitana si era evoluta sopratutto nei metodi di autoprotezione. Aveva per prima cosa lavato i suoi panni sporchi in famiglia, vale a dire che ogni infame era stato fatto sparire in modo piú o meno eclatante. Parlare con una guardia era diventato pericoloso e le bocche si erano come cucite. Nessuno ricordava piú nulla, il brigadiere non trovava piú il suo caffé corretto all'informazione al solito bar. E grazie ad una disponibilitá pressoché illimitata di fondi e all'evoluzione della tecnologia, non c'era piú bisogno di farsi vedere tanto in piazza quando si voleva organizzare il colpo "gobbo". Sulla scorta dell'esperienza sicula, la criminalitá si era organizzata gerarchicamente in famiglie che si erano spartite il territorio senza pestarsi troppo i piedi. La polizia si trovó spiazzata. Indagini che non progredivano, risultati che calavano, incapacitá di dare risposte rassicuranti ai privati cittadini sempre piú in balía di bande di predoni per i quali non facevano differenza tra un direttore di banca vivo o morto. A Roma inizió a serpeggiare grande malumore tra i poliziotti "cani da strada". Il loro fiuto sembrava affetto da cronico raffreddore e, oltre a non battere un beneamato chiodo, alcuni di essi per strada iniziarono pure a morirci. Quando la marea montante del disappunto poliziesco raggiunse il limite di guardia, l'allora capo della polizia scese in campo per incontrare i suoi uomini. 12 gennaio 1962, una mattina piovosa resa ancora piú tetra dall'umore degli uomini della "Mobile" romana. Sono stati tutti convocati in uno stanzone al primo piano. Luci giallastre diffuse dalle lampadine a muro rese ancora piú lattiginose dalle sigarette fumate senza sosta, un brusio continuo interrotto solo da un colpo di tosse o da uno starnuto. Poi improvvisamente il silenzio, entró il Capo. Tutti si alzarono in piedi. Non fu l'ennesimo discorso retorico, fu una discussione a doppio senso con i suoi uomini, come si potrebbe fare attorno ad una tavola imbandita la domenica a pranzo. Rispettosamente ma con fermezza, gli uomini della "Mobile", esposero al Capo che i mezzi a loro disposizione erano ormai obsoleti, superati, antiquati. Sembra di sentire i discorsi di oggi, vero?. E le risposte?, anche quelle le stesse, non ci sono fondi, il ministero ha altre prioritá, e via discorrendo. Fino a quando il Capo, ormai messo alle corde da sbirri che il loro mestiere lo sapevano fare fin troppo bene, esasperato dalle loro insistenti richieste sbottó. " Ma isomma, di cosa avete bisogno?". In fondo alla stanza c'era un uomo. Un brigadiere della "Mobile", un uomo esile, mingherlino ma dagli occhi vispi, attenti. Un sottufficiale conosciuto, rispettato anche dai criminali che aveva arrestato a decine. Fino a quel momento se ne stette zitto zitto ad ascoltare, lasciando che i piú sanguigni dei colleghi si scannassero. Terminó la sua sigaretta e si alzó in piedi, facendo cigolare la sedia. "Di cosa abbiamo bisogno, eccellenza? Di una Ferrari". Scese il gelo in quella stanza surriscaldata. Mai nessuno aveva osato rivolgersi con tale fermezza e arroganza ad un Prefetto, per di piú Capo della Polizia. Tutti si girarono e lo guardarono a metá tra la commiserazione per la sua sorte futura e il rispetto. "Come si chiama lei?" tuonó il Capo. E lui sempre guardandolo negli occhi, "sono il brigadiere Armando Spatafora". Il Capo lo guardó per qualche secondo, soprappesandone l'uomo oltre che il poliziotto e gli rispose con un'unica frase: "l'avrai". Neanche tre mesi dopo dagli stabilimenti Ferrari di Maranello arrivó a Roma un esemplare di uno spendido colore nero. Era una Ferrari 250 GTE 2+2 Pininfarina telaio **2293GT**, sulle porte la dicitura "Squadra Mobile", sul passaruota anteriore il neonato simbolo della pantera. Insomma, la volante di tutte le volanti, un mostro in grado di toccare i 280 km/h. Assieme ad altri tre colleghi (Carlo Annichiarico, Dalmatio De Angelis e Giuseppe Savi) Armando Spatafora venne spedito a Maranello per frequentare il corso di guida per un bolide da pista, piú che da strada. Ma lui era un poliziotto che sapeva giá guidare bene.

A Maranello gli affinarono la tecnica e lo rispedirono a Roma. Divenne consegnatario di quella macchina assieme a quei tre colleghi, unici autorizzati a guidarla. E per la criminalitá la musica cambió. Come cambió la fama della polizia romana, inseguimenti a rotta di collo, Via Veneto, via Nomentana, sotto San Pietro, con le sirene spente per non svegliare il Papa. Arresti rocamboleschi , con i fotografi che alternavano quegli scatti a quelli dei VIP della dolce vita. Fin qui la storia. Ora segue la leggenda, il mito. Di esso ne esistono tante versioni. Forse questa é la piú veritiera. É una notte di marzo del 1964. "Armandino" é in giro di pattuglia assieme ad un giovane collega. Sono notti da brivido, fatte di rapine e furti nelle case. Ci sono due "merli" da catturare, uno si chiama "lo Zoppo", l'altro "il Pennellone". Da anni sono la croce e la delizia di tutti i poliziotti capitolini, sono due ladri d'auto, sopratutto sportive, ma sono anche i piloti piu´richiesti dalla criminalitá quando c'é da fare un "colpo" veloce e pulito. Chi ha provato a mettere loro il sale sulla coda é finito contro un muro o, alla meglio, dentro un fosso. Armando conosce i suoi "polli", sa che prediligono il centro storico di Roma perché riescono a guidare tra quei vicoli a 100 all'ora senza colpo ferire e senza auto strisciare. Colosseo, i Fori, piazza Venezia, poi su verso la sinagoga e da li al Pantheon. La cittá é deserta, il collega sbadiglia, poi d'improvviso ecco un'Alfa 2500 rossa "tagliare" a cannone verso piazza Navona. Parte l'inseguimento tra stridore di gomme, controsterzi e derapate. La canaglia sa il fatto suo, Armandino riconosce il "tocco" inconfondibile dello Zoppo. Ma anche lo Zoppo capisce di non avere a che fare con uno sbirro qualunque, quello non lo molla di un millimetro. Lo Zoppo le prova tutte, cerca di farsi tamponare, cerca di fare a sportellate, a ponte Milvio si arrampica perfino su un marciapiede. Ma Armandino é sempre li, con quella sirena che lacera l'aria e che si fa sempre piú vicina. Fino a Trinitá dei Monti. Qui, si dice che entrambe le macchine passarono su due ruote sopra un paracarro che ostruiva la strada. Vera o no, sta di fatto che proprio sulla scalinata lo Zoppo se la gioca. Giú per i gradini con l'auto e tutto, vediamo se mi segui fin qui! E Armandino? Giú anche lui, con una Ferrari che neanche in una vita sarebbe riuscito mai a comprarsi. Si fanno tutta la scalinata di Trinitá dei Monti e alla fine, mentre l'Alfa si trova con tre cerchioni spaccati, la coppa dell'olio rotta e fumo che esce da tutte le parti, la Ferrari pure scalcagnata gli é addosso. In un baleno lo Zoppo si trova coi ceppi ai polsi. " Brigadié, ammazza come corri". Di questa storia esistono tante versioni. Ognuno ci ha messo del suo proprio perché il Ministero non ha mai confermato l'evento, ma non lo ha neanche mai smentito.

Di sicuro c'é solo che alla fine del marzo del 1964 la Ferrari 250 GTE 2+2 telaio **2293GT** fu portato di nuovo a Maranello, ufficialmente per "tagliando", ma ufficiosamente, per sostituzione di una balestra, dei quattro cerchi e della scatola del cambio. Oggi quella Ferrari, si proprio quella, fa bella mostra di se al Museo delle Auto Storiche della Polizia. Spesso viene portata in giro per l'Italia per essere ammirata da generazioni di Italiani che magari non sanno di cosa é stata capace nei suoi anni d'oro quando la Polizia era LA Polizia. Tra il 1961 e il 1964 furono costruiti 955 esemplari della 250 GTE 2+2 Pininfarina in tre serie. Ai nostri giorni, la Ferrari 250 GTE 2+2 é considerata molto preziosa tra i collezzionisti. La splendida carrozzeria di Pininfarina e il potente motore V12 montato frontalmente alzarono la desiderabilitá dell'auto considerevolmente.

Ferrari 250 GTO   (1962 – 1964)

Nello sviluppo e nella raffinatezza della lunga serie di 250 GT, Ferrari presentó il meglio per ultimo con l'immortale Ferrari 250 GTO. Sorprendentemente, si potrebbe dire che la Ferrari 250 GTO deve la sua esistenza alla Inglese Jaguar. Perché dico questo? Nel mese di Marzo del 1961, il direttore vendite Girolamo Gardini presenzió la presentazione del Jaguar E-Type al Salone dell'Auto di Ginevra e tornando a Maranello, suonó l'allarme dicendo ad Enzo Ferrari che gli Inglesi avevano preparato una GT che poteva batterli. Gardini convinse Ferrari dell'urgenza. Enzo fece una riunione con tutti i suoi tecnici e l'ingegnere Giotto Bizzarrini fu incaricato della progettazione e della programmazione, in gran segreto, dell'auto che avrebbe dovuto difendere la marca. Bizzarrini raccolse diversi operai e tecnici fuori del normale cerchio Ferrari. Naturalmente il punto di partenza di Bizzarrini fu la 250 GT SWB. La sua passione per l'aerodinamica e la corretta distribuzione dei pesi lo portó a muovere il motore piú centralmente. Questo miglioró il bilanciamento per una migliore maneggevolezza permettendogli di creare un frontale piú basso e piú aerodinamico. Enzo Ferrari si recava tutti i giorni nell'officina spronando gli uomini a velocizzare il lavoro. Il gruppo di Bizzarrini lavorava senza sosta sette giorni la settimana.

Nel Settembre del 1961, il prototipo fu portato al circuito di Monza per le prime vere prove, ed anche una SWB fu portata per fare un confronto. E, a detta di Giotto Bizzarrini, il prototipo era costantemente piú veloce della SWB. Il prototipo provato a Monza aveva giá una linea definita rispetto al prodotto finale, peró la parte posteriore tuttavia aveva lo stile della SWB 61. Due mesi dopo, lo sviluppo rallentó considerevolmente. Giotto Bizzarrini, Carlo Chiti, Girolamo Gardini e una manciata di altre persone furono allontanati per screzi con lo stesso Enzo Ferrari. Il giovane ingegnere Mauro Forghieri fu incaricato di portare avanti lo sviluppo del prototipo. Durante l'inverno, sotto la guida di Mauro Forghieri, il prototipo fu sviluppato nella sua forma finale. Un tema caldo per un dibattito rimane ancora; chi fu il disegnatore della 250 GTO?

Una cosa é certa, nessuna singola persona o azienda ne é completamente responsabile. Giotto Bizzarrini era il responsabile del programma 250 GT Comp/62, mentre Scaglietti perfezzionó il disegno pronto per la produzione. Nella pagina seguente la foto della Ferrari 250 GT Comp/62 prototipo telaio **3223GT**. Questo esemplare era il prototipo usato nei test invernali del 1961 dal pilota Willy Mairesse ed é la stessa presentata alla stampa nel Febbraio del 1962. Rapidamente incontró critiche da parte dei concorrenti e giornalisti di tutto il mondo, in maniera abbastanza esplicita dalla stampa Inglese. Loro non credevano che l'auto era una evoluzione della 250 GT SWB/61, erano convinti che si trattasse di un'auto completamente nuova.

Ferrari, disegni alla mano, dimostró alla FIA che l'auto era una evoluzione della SWB/61. Telaio, motore, trasmissione, sospensioni e freni erano gli stessi della SWB, solo la carrozzeria era differente, piú earodinamica.

D'altra parte, anche la Jaguar E-Type Lightweight e la Aston Martin DB4 GT Zagato furono omologati nonostante la grande differenza dal loro disegno originale di auto da strada. In tutti i documenti ufficiali era indicato come Ferrari 250 GT Comp/62, ma probabilmente a causa di una confusione, é stata generalmente indicata come 250 GTO; la lettera O era l'iniziale di "Omologato". Durante i test ad alta velocitá, la parte posteriore si riveló instabile. Un piccolo labbro fu imbullonato in tutta la larghezza della coda, migliorando notevolmente la stabilitá ad alta velocitá. Le prime 18 vetture prodotte furono dotate di un labbro imbullonato separatamente, peró fu riprogettato direttamente sulla carrozzeria delle successive vetture. Finalmente la Ferrari 250 GTO fu completata. A causa di un ritardo nella sua preparazione finale, la macchina non era ancora pronta per la gara di apertura della stagione 1962. Pertanto, nel mese di Marzo 1962, la Ferrari 250 GTO fece il suo debutto alla seconda gara del mondiale, la 12 Ore di Sebring, con l'esemplare **3387GT** della Scuderia N.A.R.T. di Luigi Chinetti, ottenendo una facile vittoria nella classe GT nelle mani di Phil Hill e Olivier Gendebien. Nella foto in basso.

La Ferrari 250 GTO telaio 3387GT completamente restaurata da Bernie Carl nel Settembre 1997

Nel mese di giugno dello stesso anno, Chinetti vendette l'auto a Robert M. Grossman. E dopo essere passata passata per tante mani ed aver partecipato a moltissimi eventi classici, arrivó al Museo Simeone dove tuttavia si trova. Nel mese di Aprile 1962, Edoardo Lualdi Gabardi di Busto Arsizio acquistó la 250 GTO telaio **3413GT**, conducendola a numerose vittorie in gare della montagna come Coppa cittá di Asiago, Bologna – Raticosa, Coppa Consuma, Bolzano – Mendola, Trento – Bondone, Trieste – Opicina, conquistando il campionato Italiano assoluto della Montagna.

La Ferrari 250 GTO telaio 3413GT alla Trento – Bondone del 1962 con Edoardo Lualdi Gabardi

A fine stagione l'auto fu venduta a Gianni Bulgari di Roma con la quale vinse la classe GT alla Targa Florio del 1963 insieme a Maurizio Grana. Nel 1964, il nuovo proprietario Corrado Ferlaino di Napoli lo ritornó alla fabbrica per sostituire la carrozzeria con la serie 2 modello Pininfarina 1964. Nel 1965 fu esportata in Inghilterra e nel 2000 fu acquistata dallo Statunitense Gregory Whitten che la importó negli USA e nell'Agosto 2018 la vendette a poco piú di 48 milioni di dollari.

a Ferrari 250 GTO telaio 3413GT con la carrozzeria stile Pininfarina 1964

L'esemplare **3445GT** di proprietá di Christopher Cox ritornó a nuova vita dopo due anni di restaurazione presso la Ferrari Classiche in Maranello. La GTO fu restaurata alla configurazione originale di motore e carrozzeria in cui fu consegnata al publicista bolognese Luciano Conti nel 1962. Nel Giugno del 1962, dopo la prima gara, Bologna – passo della Raticosa, La 250 GTO **3445GT** fu venduta al Conte Giovanni Volpi di Misurata della Scuderia Serenissima di Venezia. Durante questo periodo, la Ferrari 250 GTO vinse il Trofhée d'Auvergne con al volante Carlo Maria Abate. In Aprile del 1963 la 250 GTO fu acquistata dal pilota svedese Ulf Norinder che la fece riverniciare con i colori della Svezia Azzurro e giallo, per aderire al regolamento corse di quel periodo. La GTO **3345GT** terminó due volte seconda di classe GT alla Targa Florio del 1963 con al volante Giorgio Scarlatti e J. M. Bordeu, e alla Targa Florio del 1964 con al volante lo stesso Ulf Norinder e Pico Troiberg, in quest'ultima gara aveva il numero 112 che porta ancora oggi. La Ferrarri 250 GTO **3345GT** successivamente passó di mano piú volte prima di essere inviata al reparto Ferrari Classiche nel 2012 per essere restaurata nella sua livrea e numero che usó alla Targa Florio del 1964.

La Ferrari 250 GTO 3345GT alla Targa Florio del 1964 con Norimder e Troiberg

La Ferrari 250 GTO 1962 telaio 3345GT completamente restaurata con i colori della Svezia

La Ferrari 250 GTO telaio **3505GT** fu ordinata da Stirling Moss e la scuderia UDT-Laystall nell'autunno 1961. Era la prima 250 GTO con la guida a destra. Il pilota Innes Ireland ritiró l'auto alla fabbrica Ferrari nella primavera del 1962 ed ebbe il piacere di guidarla, di ritorno in Inghilterra, per oltre 1100 Km per competere al Goodwood Easter Meeting. Sfortunatamente fu in quel fine settimana che Stirling Moss terminó la sua carriera di pilota con un terribile incidente in una Lotus 18 Climax di formula1 e la 250 GTO rimase nei box per tutta la durata del Easter Meeting. Tuttavia la **3505GT** raccolse vittorie in una serie di eventi durante la stagione 1962, incluso il Tourist Trophy a Goodwood e la BRSCC A Brands Hatch con al volante Innes Ireland.

La Ferrari 250 GTO telaio 3505GT al Goodwood Tourist Trophy del 1962 con Innes Ireland

La UDT-Laystall iscrisse l'auto anche alla 24 Ore di Le Mans del 1962 con Innes Ireland e Masten Gregory al volante. Peró non ebbero fortuna, dovettero ditirarsi per problemi meccanici. Successivamente passó di mano piú volte fino ad arrivare nelle mani dell'attuale proprietario Craig McCaw, Santa Barbara, California. Foto pagina seguente.

La Ferrari 250 GTO telaio 3505GT come si vede ai nostri giorni completamente restaurata

La Ferrari 250 GTO telaio **3589GT** fu acquistata, in aprile 1962, da Tommy Sopwith per la scuderia inglese Equipe Endeavour. Con i colori della scuderia Blu scuro e musetto bianco, gareggió con notevole successo con al volante Mike Parkes, che raccolse numerose vittorie durante la stagione 1962.

La Ferrari 250 GTO telaio 3589GT al Daily Mirror Trophy, Snetterton 1962 con Mike Parkes

A fine anno fu venduta all'americano Tom O'Connor, Victora TX, riverniciata in rosso per la sua scuderia Rosebud Racing Team. Nel 1964, O'Connor donó l'auto al dipartimento di meccanica automobilistica della locale Scuola Superiore.

La Ferrari 250 GTO telaio 3589GT donata da Tom O'Connor alla Victoria High Scool

Nel 1970 l'auto fu acquistata da Joe E. Korton, North Royalton, OH. Korton nolleggiava l'auto tramite la sua impresa di nolleggio auto esotiche "Motor cars Masculine" per 34 dollari giornaliere. Sfortunatamente la 250 GT0 telaio **3589GT** rimase vittima di negligenza da parte di Korton. L'auto restó

abbandonata per 14 anni su un rimorchio in un campo. Korton non l'ha mai voluto vendere nonostante abbia ricevuto molte offerte incluso una dallo stesso Innes Ireland. E cosí continuó a marcire fino a quando, nel 1986, Frank Gallogly, Englewood Cliffs, lo convinse a venderla.

La Ferrari 250 GTO telaio 3589GT fatta restaurare completamente da Engelbert Stieger

Nel 1988 fu acquistata dallo svizzero Engelbert Stieger, che la fece restaurare completamente da "Sportgarage" Fritz Leirer, Stein, CH. Dopo la restaurazione, nel 1990, fu esposta al Concorso d'Eleganza di Pebble Beach. Ci sono molte altre preziose macchine che marciscono perché i proprietari non riescono semplicemente a lasciarle andare, peró ringraziamo il grande lavoro degli artigiani che provano un grandissimo piacere nel restaurare tali preziose macchine. La Ferrari 250 GTO telaio **3647GT** fu acquistata, in giugno 1962, dalla inglese Bowmaker Racing Team che destinó l'auto al pilota John Surtees (l'unico pilota nella storia del motorismo mondiale che fu campione del mondo di motociclismo con la MV Agusta e campione del mondo di

Formula 1 con la Ferrari). John Surtees fu coinvolto in un grosso incidente al Goodwood Tourist Trophy.

La Ferrari 250 GTO telaio 3647GT al Goodwood Tourist Trophy 1962 con al volante John Surtees

Ricostruita fu poi venduta al principe russo, residente in Francia, Zourab Tchkotoua. La **3647GT** continuó a partecipare ad importanti eventi sportivi, con ottimi risultati, nelle successive stagioni come Targa Florio, 1000 Km Nurburgring, Goodwood Tourist Trophy e 1000 Km di Pargi. In seguito fu venduta a Tullio Sergio Marchesi di Roma che usó l'auto in competizioni minori di montagna fino a quando, nel 1966, fu esportata negli Stati Uniti, tramite il disegnatore con sede in Italia Tom Meade. L'attuale proprietario, James McNeil jr, acquistó l'auto nel 1967, diventando il piú longevo proprietatio di una Ferrari 250 GTO. Nella foto sotto la Ferrari 250 GTO

Telaio **3647GT**, in presentazione attuale, con il numero 11 che usarono i piloti John Surtees e Mike Parkes alla 1000 Km di Parigi 1962.

La 250 GTO telaio **3705GT**, fu acquistata dal pilota francese Jean Guichet in giugno 1962, giusto in tempo per partecipare alla 24 Ore di Le Mans. L'auto era verniciata in rosso, attraversata longitudinalmente da una banda con i colori della Francia. Fu condotta al secondo posto assoluto e vincitrice della classe GT, alla 24 Ore di Le Mans del 1962, da Jean Guichet e Pierre Noblet.

La Ferrari 250 GTO telaio 3705GT alla 24 Ore di Le Mans 1962 con Jean Guichet e Pierre Noblet

Dopo varie altre uscite, Guichet vendette la **3705GT** ad un pilota Italiano di nome Egidio Nicolosi della Scuderia San Marco con la quale ottenne numerosi successi, pricipalmente nelle gare locali in salita. Le ultime partecipazioni furono nelle mani del pilota Svizzero, Cox Kocher, che ottenne diverse vittorie di classe durante la stagione 1965. Successivamente passando per varie mani, questa GTO vincitrice di classe alla 24 Ore di Le Mans, terminó, nel 1994, nelle mani dell'attuale proprietario, l'americano Ed Davis, Florida. Da allora partecipó, regolarmente, in molti eventi sportivi, in particolare negli eventi del Cavallino Classic.

La Ferrari 250 GTO telaio 3705GT completamente restaurata dal proprietario Ed Davis

L'esemplare **3729GT** fu venduto nel luglio del 1962 all'inglese John Coombs che affidó la 250 GTO a differenti grandi piloti dell'epoca: Brands Hatch Peco Trophy 1962, Roy Salvadori; Goodwood Tourist Trophy 1962, Graham Hill;

La Ferrari 250 GTO telaio 3729GT al Goodwood Tourist Trphy 1962 con Graham Hill

Silverstone International Trophy 1963, Mike Parkes; Mallory Park Grovewood Trophy 1963, Michael Salmon; Brands Hatch Guards Trophy 1963, Jack Sears; Goodwood Tourist Trophy 1963, Mike Parkes; Snetterton 3 Ore Autosport 1963, Jack Sears. Nel 1966 fu acquistata da Neil Corner che la fece riverniciare in rosso. Nel 1970 ritornó nelle mani di Jack Sears, peró questa volta come proprietario. Jack Sears vendette la 250 GTO telaio **3729GT** nel 1999 all'attuale proprietario, il collezionista americano Jon Shirley. Nel 2015, Jon Shirley consegnó la 250 GTO telaio **3729GT** alla Ferrari Classiche per un completo restauro compreso l'originale colore bianco e numero che aveva cuando fu guidata da Graham Hill al Goodwood Turist Trophy nel 1962.

La Ferrari 250 GTO telaio 3729GT come appare ai nostri giorni completamente restaurata

L'esemplare telaio **3757GT** fu venduta, nel giugno 1962, alla scuderia Francorchamps, questa 250 GTO debuttó con un secondo posto classe GT alla

24 Ore di Le Mans 1962 con al volante "Beurlys" e "Elde". Continuó la sua attivitá sportiva con la scuderia Jacques Swaters nella stagione 1963, principalmente con Guy Hansez dietro il volante. La Ferrari 250 GTO serie **3757GT** é rimasta in Inghilterra e nel 1978 fu acquistata da Nick Mason,

Nick Mason, batterista dei Pink Floyd con la sua Ferrari 250 GTO telaio 3757GT

batterista dei Pink Floyd. Nick Mason piú tardi scoprí che quest'auto era la stessa che aveva visto in azione a Brands Hatched e che aveva acceso la sua passione per le auto ed in particolare per la Ferrari 250 GTO. L'esemplare **3987GT** fu consegnata, in ottobre 1962, alla scuderia N.A.R.T. di Luigi Chinetti. Questa 250 GTO fu condotta ad una splendida vittoria nella 1000 Km di Parigi del 1962 dai fratelli messicani Pedro e Riccardo Rodriguez. Subito dopo fu venduta alla Mecom Racing Team. Nelle mani di Roger Penske e Augie Pabst ottenne vari successi come la vittoria alla Nassau Tourist Trophy del 1962 e la vittoria di classe GT alla 12 Ore di Sebring del 1963. Dopo essere

Silverstone International Trophy 1963, Mike Parkes; Mallory Park Grovewood Trophy 1963, Michael Salmon; Brands Hatch Guards Trophy 1963, Jack Sears; Goodwood Tourist Trophy 1963, Mike Parkes; Snetterton 3 Ore Autosport 1963, Jack Sears. Nel 1966 fu acquistata da Neil Corner che la fece riverniciare in rosso. Nel 1970 ritornó nelle mani di Jack Sears, peró questa volta come proprietario. Jack Sears vendette la 250 GTO telaio **3729GT** nel 1999 all'attuale proprietario, il collezzionista americano Jon Shirley. Nel 2015, Jon Shirley consegnó la 250 GTO telaio **3729GT** alla Ferrari Classiche per un completo restauro compreso l'originale colore bianco e numero che aveva cuando fu guidata da Graham Hill al Goodwood Turist Trophy nel 1962.

La Ferrari 250 GTO telaio 3729GT come appare ai nostri giorni completamente restaurata

L'esemplare telaio **3757GT** fu venduta, nel giugno 1962, alla scuderia Francorchamps, questa 250 GTO debuttó con un secondo posto classe GT alla

24 Ore di Le Mans 1962 con al volante "Beurlys" e "Elde". Continuó la sua attivitá sportiva con la scuderia Jacques Swaters nella stagione 1963, principalmente con Guy Hansez dietro il volante. La Ferrari 250 GTO serie **3757GT** é rimasta in Inghilterra e nel 1978 fu acquistata da Nick Mason,

Nick Mason, batterista dei Pink Floyd con la sua Ferrari 250 GTO telaio 3757GT

batterista dei Pink Floyd. Nick Mason piú tardi scoprí che quest'auto era la stessa che aveva visto in azione a Brands Hatched e che aveva acceso la sua passione per le auto ed in particolare per la Ferrari 250 GTO. L'esemplare **3987GT** fu consegnata, in ottobre 1962, alla scuderia N.A.R.T. di Luigi Chinetti. Questa 250 GTO fu condotta ad una splendida vittoria nella 1000 Km di Parigi del 1962 dai fratelli messicani Pedro e Riccardo Rodriguez. Subito dopo fu venduta alla Mecom Racing Team. Nelle mani di Roger Penske e Augie Pabst ottenne vari successi come la vittoria alla Nassau Tourist Trophy del 1962 e la vittoria di classe GT alla 12 Ore di Sebring del 1963. Dopo essere passata di mano piú volte durante gli anni 70 e 80, fu acquistata, nel 1985, dallo stilista di moda e collezzionista Ralph Lauren. Completamente restaurata ora fa bella mostra di se al "Musée des Arts Décoratifs" di Parigi, uno dei posti piú belli per questo tipo di collezione, situato ad un lato del Museo del Louvre.

La Ferrari 250 GTO telaio 3987GT in bella mostra al "Musée des Arts Décoratifs" di Parigi

La 250 GTO telaio **4091GT** fu completata in Novembre del 1962, come 250 GT Comp/62. Non ha mai partecipato in competizioni con la sua carrozzeria originale. Sergio Bettoja, il primo proprietario di questa GTO telaio **4091GT**, ritornó l'auto alla Ferrari per la sostituzione della carrozzeria originale con la tipo 64 disegnata da Pininfarina e costruita da Scaglietti, Per tale modifica furono necessari alcuni lavori alle sospensioni, motore e carrozzeria. Fu costruita con un tetto piú corto con spoiler incorporato. Questa vettura fu una delle quattro GTO trasformate come modello Pininfarina 64. Nel 1964 fu venduta a Edoardo Lualdi Gabardi di Busto Arsizio con la quale ottenne numerosi succesi conquistando il Campionato Italino della Montagna 1964. Prima di iniziare la stagione 1965, la GTO telaio **4091GT** fu venduta a Clemente Ravetto di Palermo. La **4091GT** con Clemente Ravetto e Gaetano Starabba al volante vinse la classe GT alla Targa Florio 1965.

Nella foto sopra, la Ferrari 250 GTO telaio **4091GT** alla Targa Florio del 1965 con il numero 118 guidata da Clemente Ravetto e Gaetano Starabba. Negli anni successivi passó di mano piú volte fino a quando, nel 1981 fu acquistata dall'americano Peter G. Sachs, della Klemantaski Collection. Da allora, l'auto partecipó a molteplici corse storiche includendo la Oldtimer GP a Nurburgring dove terminó quinto nella sua classe. Altri importanti eventi furono il Monterey Historic Races del 1991 e il 30th anniversary GTO Tour del 1991, ed molti altri.

La Ferrari 250 GTO telaio 4091GT come appare ai nostri giorni completamente restaurata

Altro interessante esemplare fu la 250 GTO telaio **4153GT**. Fu venduta a Pierre Dumay, rifinito con una livrea in argento con una banda tricolore Francese, in giugno 1963, giusto in tempo per partecipare alla classica maratona Francese, la 24 Ore di Le Mans. Questa 250 GTO terminó la massacrante gara in quarta posizione assoluta e seconda della classe GT condotta dal proprietario Pierre Dumay e Léon Dernier. Subito dopo fu venduta alla Scuderia Francochamps, che sostituí la banda tricolore Francese con una banda gialla, colore del Belgio negli sport motoristici dell'epoca, trasversale sul muso. Il piú grande successo della **4153GT** arrivó nel 1964, quando fu portato alla vittoria assoluta nel Tour de France da Lucien Bianchi e Georges Berger.

La Ferrari 250 GTO telaio 4153GT al Tour de France 1964 con Lucien Bianchi e Georges Berger

Dopo essere passata di mano piú volte, nel 2003 fu acquistata da Christian Glaesel, Germania.

La Ferrari 250 GTO 4153GT completamente restaurata con la livrea originale Francese

Nel 2015 Glaesel restauró l'auto con la livrea originale Francese. Peró la notizia piú sbalorditiva é che la 250 GTO telaio **4153GT** fu venduta, nel Maggio 2018, al fondatore della Weather Tech, David MacNeil, per la cifra record di 70 milioni di dollari americani. Veramente incredibile. La Ferrari 250 GTO telaio **4293GT** fu completata nel mese di Aprile 1963 e fu venduta alla scuderia Francorchamps. La scuderia Belga usó l'auto per un breve periodo di due mesi, ma durante questo periodo Willy Mairesse lo condusse alla vittoria assoluta nella 500 Km di SPA. In Giugno del 1963 fu iscritta alla classica 24 Ore di Le Mans guidata da Jean Blaton e Gerard Langlois van Ophem. La 250 GTO fece eccezionalmente bene, sopravivendo all'intera 24 Ore e terminando seconda assoluta e prima nella classe GT.

La Ferrari 250 GTO telaio 4293GT alla 24 Ore di Le Mans 1963 con Jean Blaton e Gerard Langlois

Tre giorni dopo termino prima assoluta a Zolder con Jean Blaton e due settimane dopo vinse la classe GT alla 12 Ore di Reims con Lucien Bianchi. In seguito passó di mano fino all'attuale proprietario William E. Connor, USA.

La Ferrari 250 GTO telaio 4293GT come appare restaurata, proprietá di William E. Connor, USA

La Ferrari 250 GTO telaio **4399GT** fu acquistata dal Colonnello Ronnie Hoare della scuderia Maranello Concessionaires UK, in Maggio del 1963. Questa vettura é stata al servizio del team Maranello Concessionaires per tre stagioni, ed é stata anche la prima 250 GTO a ricevere la carrozzeria seconda serie disegnata da Pininfarina. Ebbe un grande successo in entrambe le configurazioni nelle competizioni Europee e Britanniche. Quasi subito vincitrice al Goodwood Meeting nelle mani di Mike Parkes. Un mese dopo un'altra vittoria fu conquistata, con al volante Mike Parkes, al Silverstone Martini Trophy. In Agosto 1963 centró una prestigiosa vittoria al Goodwood Tourist Trophy con al volante Graham Hill, e concluse la stagione 1963 con una vittoria alla Coppa Inter Europa, Monza, con Mike Parkes. Nonostante una stagione di successi, la vettura fu rimandata a Maranello dove Scaglietti sostituí la carrozzeria con una serie 2 stile 64, rifinita in Rosso Corsa e Cambridge Blu. A giudicare dai risultati nelle competizioni del 1964 sembrerebbe che l'aggionamento della carrozzeria fu una mossa exitosa. La **4399GT** prese parte ad alcuni dei piú grandi eventi di resistenza in tutta Europa, quell'anno, comportandosi in modo superbo, dando il via alla stagione con una tripletta di vittorie al Sussex Trophy in Goodwood 1964 e la

La Ferrari 250 GTO telaio 4399GT al Goodwood Tourist Trophy con al volante Graham Hill

International Trophy a Silverstone 1964 con al volante Graham Hill, in seguito la 500 Km di SPA Francochamps con al volante Mike Parkes. Nel Giugno del 1964, la 250 GTO partecipó alla 24 Ore di Le Mans terminando terzo di classe

GT guidata da Innes Ireland e Tony Maggs. Con un pó di riposo, l'auto ha poi corso la 12 Ore di Reims dove centró una vittoria di classe GT nelle mani di Mike Parkes e Ludovico Scarfiotti.

La Ferrari 250 GTO serie 4399GT alla 24 Ore di Le Mans del 1964 con Innes Ireland e Tony Maggs

Nel 1969 la GTO **4399GT** fu acquistata da Lord Anthony Bamford. Lord Bamford é particolarmente appassionato della GTO telaio **4399GT** e l'ha usata sia in strada che in pista ogni ano da quando la compró. Ha partecipato in quasi tutte le gare al Goodwood RAC TT Celebration dal 1998, e nel 2010 ottenne una magnifica vittoria nelle mni di Jean Marc Gounon e Peter Hardman. Il pilota di corse storiche Hardman dice della macchina: "Oh é stata molto veloce. Davvero al limite. C'era un margine molto stretto tra essere in un controsterzo controllato ed un pieno sottosterzo. Nel primo stint della gara, la macchina era a pieno carico. All'inizio ero prudente ma poi ho capito che mi sentivo davvero bene. I serbatoi pieni hanno avuto l'effeto di calmarla e Jean Marc ed io abbiamo vinto".

La Ferrari 250 GTO telaio 4399GT al Goodwood RAC Tourist Trophy Celebration del 2010

Forse l'esemplare piú famoso e di maggior successo di una delle piú famose macchine, "la Ferrari 250 GTO". Un'auto veramente rara ed estremamente speciale. La 250 GTO telaio **4713GT** fu costruita specificamente per Luigi Chinetti della scuderia N.A.R.T. e fu consegata in tempo per la 24 Ore di Le Mans del 1963. L'auto era differente dalle altre GTO. Era dotata della carrozzeria Pininfarina 330LM e fu la unica GTO costruita con tale carrozzeria. Per questo veniva identificata come 250 GTO/LMB. La linea era una combinazione della 250 GTO/62 e della 250 GTL. Inoltre era dotata di una estensione sopra le ruote posteriori che permettevano un addizionale movimento della sospensione posteriore per una eccellente stabilitá. Alla 24 Ore di Le Mans, Masten Gregory e David Piper condussero la vettura ad un

La Ferrari 250 GTO/LMB telaio 4713GT alla 24 Ore Le Mans del 1963 con Masten Gregory e Piper

sesto posto assoluto e terzo della classe GT. In Agosto del 1963 la 250 GTO/LM **4713GT** terminó ottavo al Goodwood Tourist Trophy con al volante Roger Penske. A fine stagione fu venduta a Bob Grossman che la usó in alcune gare in territorio statunitense con un discreto successo. Dopo essere passata di mano piú volte, nel 1986 terminó nelle mani di Lulu Wang, NY.

L'esemplare **5111GT** fu l'ultima 250 GTO prodotta con le specifiche 1962/63. Questa vettura fu venduta a Jean Guichet quasi a fine 1963, in tempo per partecipare al Tour de France dello stesso anno. In collaborazione con il compatriota Jean Behra, il francese prontamente vinse il Tour de France 1963. L'auto vinse anche la Coupe du Salon, Monthléry, con Jean Guichet e l'anno seguente arrivó secondo assoluto al Tour de France 1964 con Jean Guiche e Michel de Bourbon-Parme. Dal 1974 al 2008, fu proprietá di un appassionato ferrarista Paul Pappalardo, che l'ha ampiamente mostrato e partecipato ad eventi automobilistici in entrambe le sponde dell'Atlantico.

La Ferrari 250 GTO telaio 5111GT al Tour de France del 1963 con Jean Guichet e Jean Behra

La prima 250 GTO fu completata nel 1962, avendo una carrozzeria disegnata in casa e successivamente rivista da Scaglietti. Per la stagione 1964, la Ferrari era pronta ad utilizzare la 250 LM a motore centrale nelle competizioni di durata GT. Sfortunatamente la FIA rigettó la richiesta di omologazione per la 250 LM, costringendo la Ferrari a tornare alla GTO. Alcune modifiche erano necessarie alla vettura per mantenerla competitiva, inclusa la carrozzeria disegnata da Pininfarina e costruita da Scaglietti. Peró nella regolamentazione per l'omologazione era riportata che il telaio della GTO/64 sarebbe dovuto rimanere lo stesso del precedente modello. Cosí, meccanicamente parlando, la GTO/64 era molto simile a quella del 1962/63. La sola modifica approvata dalla FIA fu una carreggiata piú ampia, prodotta usando ruote piú larghe. La nuova carrozzeria disegnata da Pininfarina era piú bassa e piú larga della GTO originale. Il motore era il familiare V12 tipo 168Comp/62. Piccole modifiche furono fatte sui carburatori Weber e sui collettori di scarico con sezioni leggermente piú piccole. Tali modifiche non incrementavano la potenza agli alti regimi, ma allargó la banda di erogazione della potenza. Una forte concorrenza arrivó, nel 1964, da Shelby con la Cobra Daytona Coupé e dalla Jaguar con la E-Type Lightweight. Le Sheliby Cobra ottenevano tempi sul giro piú veloci in vari circuiti, ma fu l'affidabilità che tormentó la scuderia Americana. Come l'anno precedente, la Ferrari 250 GTO dominó la classe GT nel 1964, vincendo la classe GT nella maggior parte delle 15 gare durante la stagione. Vittorie assolute furono riportate alla 2000 Km di Daytona e alla 500 Km di SPA Francochamps.

La 24 Ore di Le Mans del 1964, vide una battaglia particolarmente accesa tra Shelby e Ferrari. 4 GTO furono iscritte all'evento , tutte finalizzate a battere la Daytona Coupé di Shelby. Il risultato fu eccezzionale per Ferrari, ottenendo la vittoria assoluta con la 275 P, ma le GTO non furono in grado di battere le Shelby Cobra, che approfittarono della maggior potenza del loro motore V8 di 7 litri sul lungo rettifilo di Mulsanne.

La Ferrari 250 GTO telaio 5575GT alla 24 Ore di Le Mans del 1964 con Lucien Bianchi e Beurlys

Shelby, con il suo Cobra, dimostró che il GTO aveva raggiunto la fine della sua carriera agonistica. La Ferrari, incapace di omologare la 250 LM, si ritiró dalle corse GT, concentrandosi sulle Sport Prototipi e sulla Formula 1. Questo permise alla GTO/64 di marcare la fine delle competizioni della linea Ferrari 250 GT Berlinetta che era iniziata nel 1954. Furono costruite 36 esemplari di questa mitica macchina; 32 GTO/1962/63 prima serie (delle quali 4 furono trasformate in GTO/64), 1 GTO/LMB e 3 GTO/64. Probabilmente l'auto piú desiderabile e preziosa del mondo, la Ferrari 250 GTO é circondata da intrighi e miti. Le 36 auto prodotte dal 1962 al 1964 sono tutte sopravvissute e sono state contabilizzate, e la cosa piú straordinaria é che la storia di ogni esemplare é ben documentata.

Agli inizi degli anni 70, la 250 GTO era considerata un'auto da corsa obsoleta. Da allora i prezzi sono saliti ad otto cifre in Dollari ed Euro. Per fortuna, molti proprietari continuano, con vera passione, a partecipare con le loro Ferrari GTO ad eventi storici in tutto il mondo, per la propria gioia e per quella degli spettatori. In tutti modi queste auto raggiunsero l'apice in termini di auto da corsa con motore anteriore. Dopo 10 anni di assoluto dominio nei circuiti di tutto il mondo, la linea Ferrari 250 GT ha lasciato una serie di successi che sará difficile eguagliare per decenni a venire.

Ferrari 250 GT Lusso   (1962 – 1964)

Cercando di colmare il divario tra la 250 GT SWB Berlinetta, pronta per le corse, e il quattro posti 250 GTE, la nuova Ferrari 250 GTL fu proposta per offrire il meglio dei due mondi, prestazioni e usabilitá quotidiana. La lettera L stava per Lusso in quanto la macchina era davvero una Gran Turismo lussuosa. Presentata al Salone dell'Auto di Parigi nel 1962, molti spettatori presenti rimasero stupefatti ed estasiati per la splendida vettura disegnata da Pininfarina. Nella foto in basso la Ferrari 250 GT Lusso telaio **3849GT**

prototipo presentata al Salone dell'Auto di Parigi. Disegnata da Pininfarina e realizzata da Scaglietti in acciaio con cofani e porte in alluminio, la carrozzeria della Lusso era lo studio della perfezione di una auto sportiva, e rimane uno dei piú celebrati disegni automobilistici di tutti i tempi. Con una linea leggermente curva nell'anteriore per poi terminare fino ad un'elegante coda tronca. Complementata da un generoso lunottocon sottili montanti posteriori, creando una sensazione di luce e spazio sia dentro che fuori, con il risultato di un'auto dall'aspetto potente peró bellissima.

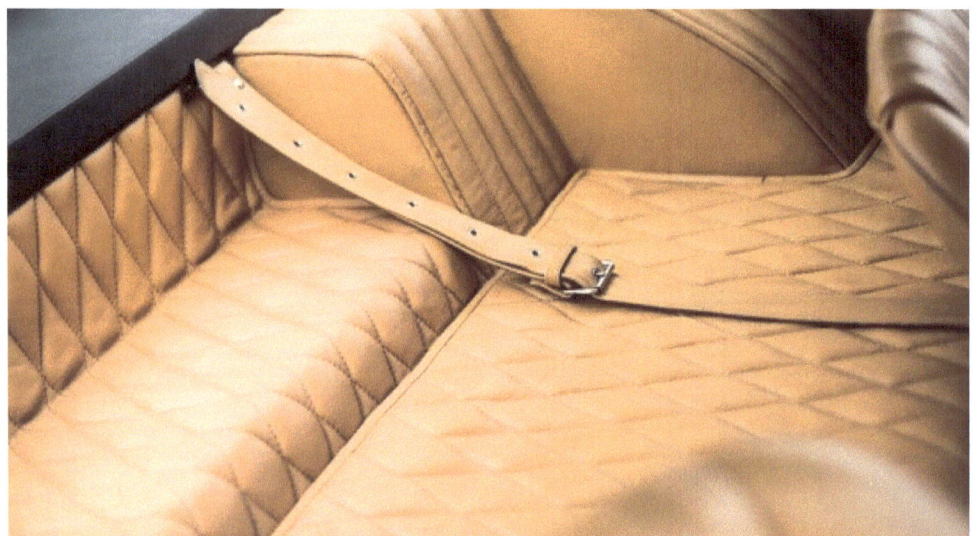

La Lusso era un'auto lussuosa con un'interiore completamente in pelle pregiata con due sedili anatomici in pelle dietro i quali una piattaforma per i bagagli con cinghie di cuoio e con la copertura in pelle trapuntata a rombi. La disposizione degli strumenti era insolita in quanto i due quadranti principali, contachilometri e contagiri, erano alloggiati nel centro del cruscotto, ed erano inclinati verso l'autista, con gli indicatori supplementari in un pannello orizzontale direttamente di fronte al volante. La meccanica era basata sulla 250 GT SWB con lo stesso passo di 2400 mm, ed il classico motore V12 Colombo di tre litri da 240 CV, spostato leggermente in avanti per dare piú spazio all'interiore. Naturalmente questo affettava un po la stabilitá dell'auto. Peró considerando che la Lusso era una vettura progettta principalmente per uso stradale e non per le competizioni, la disposizione dei pesi era piú che accettabile.

Nel 1962 Battista Farina al secolo " Pinin " acquistó una Ferrari 250 GT Lusso

<u>Giovan Battista "Pinin" Farina con la sua personale Ferrari 250 GT Lusso telaio 4335GT del 1962</u>

telaio **4335GT** per suo uso personale. Nel 1963 , Giovan Battista Farina modificó la sua 250 GT Lusso in versione speciale, nella foto in basso, la quale fu esposta al London Motor Show del 1963. L'auto era differente dalle altre 250 GT Lusso, infatti era stata modificata nella parte anteriore allo stile 400 Superamerica.

Nel 1972 fu venduta al Francese Patrick Faucompre e nel 2010 fu venduta all'Americano Lammot Du Pont, Washington. La Ferrari 250 GT Lusso telaio **4891GT** fu acquistata, nell'estate del 1963, dal famoso attore Americano "The King of cool " Steve McQueen, rifinito in un colore " Marrone Metallizzato ", Negli anni successivi trascorse molte ore al volante della 250 GT Lusso sulle gloriose strade della California. Alla fine vendette la sua amata 250 GT Lusso quando la scambió per una Ferrari 275 GT Nart Spider nel 1967. Abbastanza in contrasto con la sua vita molto attiva nelle mani di McQueen, la Lusso "marrone metallizzata" fu conservata per 24 anni tra il 1973 il 1997. Fu recuperata dal nascondiglio e completamente restaurata da Michael Regalia, ex presidente della collezione Nethercutt. Regalia restauró la vettura da zero e da allora vinse quasi tutti i premi nei concorsi che ha partecipato. Dopo essere stata in suo possesso per dieci anni, Regalia consegnó l'auto

L'attore americano "The King of cool" Steve McQueen con la sua Ferrari 250 GTL telaio 4891GT

all'asta Christie Exceptional Motor Cars 2007 del Monterey Jet Center. La Ferrari 250 GT Lusso telaio **4335GT** fu venduta alla considerevole cifra di 2,3 milioni di dollari, che era circa quattro volte il prezzo stimato.

Ferrari 250 P   (1963)

Il conervatore Enzo Ferrari, raramente produsse un'auto da corsa sperimentale o rivoluzionaria. Preferiva sempre seguire il percorso graduale dell'evoluzione, che dava come risultato un'auto da corsa veloce ma soprattutto affidabile. All'inizio degli anni 60 la maggior parte dei costruttori passarono alla configurazione del motore centrale. Tuttavia si arrivó fino al 1963 prima che la Ferrari costruisse la prima auto sport prototipo con il motore V12 centrale. Enzo Ferrari fu uno degli ultimi costruttori ad adottare tale disposizione meccanica, fedele ad una sua massima " i cavalli devono tirare il carro, non spingerlo". E non aveva tutti i torti, considerando che la scuderia Italiana aveva vinto la 24 Ore di Le Mans del 1962 per la terza volta consecutiva con un'auto a motore anteriore. Peró i tempi cambiano e la concorrenza spinge, e Ferrari dovette adeguarsi alla nuova corrente con

quella che sarebbe stata la Ferrari 250 P, la prima Ferrari sport prototipo ad adottare il motore V12 nella disposizione centrale longitudinale, entrando a far parte della lunga lista di modelli Ferrari 250. Il motore utilizzato per dar vita alla Ferrari 250 P proviene dalla mitica Ferrari 250 Testarossa, il classico V12 di tre litri che erogava la potenza di 315 CV, disegnato dall'ingegnere Gioacchino Colombo nel 1946 e che nelle sue diverse varianti aveva conquistato innumerevoli trionfi nelle gare piú importanti del mondo come la 24 Ore di Le Mans o la Mille Miglia. Questo motore si accoppiava ad un cambio manuale di cinque velocitá che trasmetteva la forza di coppia all'asse posteriore. Mauro Forghieri, l'ingegnere capo alla Ferrari, era da tempo che spingeva per la disposizione del motore centrale posteriore, per il vantaggio che questa disposizione comportava in quanto a manovrabilitá e distribuzione dei pesi e una maggior libertá nel disegnare un anteriore piú aerodinamico.

Il telaio della 250 P parte da quello del prototipo 246 SP disegnato nel 1961, un telaio con una struttura multitubolare disegnato per un motore V6. E per questo che si dovette allungare quel tanto per poter contenere un motore V12. Peró conservava la maggior parte delle caratteristiche del telaio originale, risultando semplice nel suo concetto peró sommamente efficace. Lo schema delle sospensioni era il giá collaudato parallelogramma deformabile con doppi bracci sovrapposti, ammortizzatori idraulici con molle elicoidali e barra stabilizzatrice sia nell'anteriore che nel posteriore. Il sistema frenante a disco marca Dunlop sulle quattro ruote con i posteriori al centro all'uscita del differenziale, per ridurre le masse sospese alle ruote. La 250 P era un'auto ben bilanciata e molto leggera con un peso di soli 760 Kg, ed era considerevolmente piú leggera comparato alla 250 TR con motore anteriore. La carrozzeria fu commissionata a Fantuzzi che la realizzó in alluminio, disegnata da Pininfarina, con un profilo molto aerodinamico. Una larga apertura sul frontale alimentava l'aria al radiatore montato anteriormente e sui parafanghi posteriori, due larghe prese d'aria consentivano al motore V12 di respirare. La prima apparizione in gara, foto sotto, alla 12 Ore di

Sebring con due esemplari, la **0810** e la **0812**, dominando l'evento con la coppia Surtees – Scarfiotti al volante della 0810. É importante rimarcare che nel 1963 il titolo mondiale marche per la Sport Prototipo si sviluppava in soli quattro eventi, la 12 Ore di Sebring, la 1000 Km del Nurburgring, la Targa Florio e la classica 24 Ore di Le Mans. La vittoria ottenuta a Sebring fu ripetuta nel circuito del Nurburgring in occasione della 1000 Km. In questo evento fu la 250 P telaio **0812** a conquistare una rimarchevole vittoria condotta da John Surtees e da Willy Mairesse.

La Ferrari 250 P telaio 0812 alla 1000 Km del Nurburgring del 1963 con Surtees e Mairesse

Dopo una prestazione deludente alla Targa Florio, queste due vittorie segnarono l'inizio di una nuova stagione vittoriosa per la marca del Cavallino. La 250 P non solo fu la prima Ferrari da competizione, fuori della formula 1, con il motore in posizione centrale posteriore, ma fu anche la prima auto nella storia con questa disposizione meccanica ad aggiudicarsi la piú importante delle gare di resistenza, la 24 Ore di Le Mans del 1963 con al volante Ludovico Scarfiotti e Lorenzo Bandini, conquistando la settima vittoria a Le Mans e la quarta consecutiva per la marca del Cavallino.

La Ferrari 250 P telaio 0814 vittoriosa alla 24 Ore di Le Mans del 1963 con Scarfiotti e Bandini

Il successo della 250 P nella stagione 1964, portó Ferrari ad adottare la stessa tattica di sempre, evoluzionare la macchina che funziona per ottenere il massimo rendimento con il minimo sforzo, sia a livello tecnico che economico. Per la stagione 1964, la Ferrari 250 P ricevette ritocchi nel disegno generale della carrozzeria, e anche se sembravano molto simili, la differenza tra i due modelli erano notevoli. Si modificó l'inclinazione dei montanti del parabrezza e si allungó leggermente la parte posteriore alla ricerca di un miglior carico aerodinamico sui lunghi rettilinei. Questi modelli, ribattezzati come 275 P e 330 P furono resi disponibili alle scuderie private, a differenza delle 250 P che gareggiavano solo in forma ufficiale. Furono costruite solo quattro esemplari della Ferrari 250 P, durante i due anni in cui partecipó, in forma ufficiale, alle competizioni. E sono contate le occasioni in cui sia possibille veder funzionare queste macchine quasi uniche.

Ferrari 250 LM   (1963 – 1965)

In seguito alle vittorie riportate dalla 250 GTO, la Ferrari, durante la stagione 1963, si concentró alla ricerca di un degno successore, e ideó un'auto rivoluzionaria che, vista dall'esterno, sembrava piú un prototipo che una Gran Turismo: fu identificata come Ferrari 250 Le Mans. La prima presentazione in pubblico dell'auto fu al Salone dell'Auto di Parigi nell'autunno del 1963. Quella versione da strada della 250 P, da cui ereditó sia il suo passo di 2400 mm che il suo motore V12 tre litri, installato solo nell'esemplare presentato a Parigi, aveva piú l'apparenza di un "concept car".

La Ferrari 250 Le Mans telaio 5149GT prototipo presentata al Salone dell'Auto di Parigi del 1963

Pininfarina diede alla 250 LM una forma particolarmente involgente di grande equilibrio. Disegnó un frontale classico e aerodinamico, raccordato con un parabrezza ampiamente inclinato e continuó con un roll bar che era parte integrante del cofano motore, nel quale era inserito un piccolo lunotto verticale. La 250 LM terminava con una coda tronca che era un pó il marchio delle Ferrari da corsa di quell'epoca. Furono costruite 32 esemplari, peró solo il prototipo **5149GT** era dotata del V12 di 3 litri mentre gli altri 31 esemplari erano dotate del motore V12 di 3.3 litri. Secondo la tradizione Ferrari si sarebbero dovute chiamare 275 LM, ma per ragioni commerciali e di omologazione fu utilizzata la 250. Nel 1964 la FIA respinse la richiesta di omologazione della berlinetta come auto GT, la quale ne affettó negativamente la sua potenziale vendita. Tale decisione obbligó la 250 LM a gareggiare contro gli autentici prorotipi, riducendo le sue possibilitá di vittoria. Con la impossibilitá di omologare la 250 LM alla classe GT, Ferrari, come forma di protesta contro la decisione della FIA, decise di non iscrivere le sue macchine al campionato mondiale marche. Cambió la capacitá del motore a 3.3 litri e vendette la 250 LM alle scuderie private come la N.A.R.T., Maranello Concessionaries, Ecurie Francoshamps e scuderia Filippinetti.

a Ferrari 250 LM 5907GT alla 12 Ore di Reims del 1964 con Hill e Bonnier

Nonostante ció, la carriera sportiva della 250 LM fu caratterizzata da numerosi successi. Nel 1964 Vinse la 12 Ore di Reims con la **5907GT** della scuderia Inglese Maranello Concessionaries pilotata da Graham Hill e Jo Bonnier, e la Hill Climb Sierre Montegna con la **5899GT** della Scuderia Filippinetti, condotta da Ludovico Scarfiotti. Nel 1965, la 250 LM **5843GT** della Ecurie Francorchamps vinse la 500 Km di SPA Francochamps condotta da Willy Mairesse. Ma la completa vendetta arrivó alla 24 Ore di Le Mans del 1965, dove furono iscritte cinque 250 LM da scuderie private. Durante l'evento tutte le auto prototipi abbandonarono con problemi di affidabilitá e la Ferrari 250 LM **5893GT** iscritta dalla Scuderia N.A.R.T. di Luigi Chinetti conquistó il primato assoluto nelle mani dei piloti Masten Gregory e Jochen Rindt. Come se non bastasse, la 250 LM conquistó anche il secondo posto assoluto con la **6313GT** dell'Equipe Pierre Dumay, condotta dallo stesso Dumay e Grosselin.

La Ferrari 250 LM 5893GT alla 24 Ore di Le Mans del 1965 con Masten Gregory e Jochen Rindt

Sebbene la 250 LM non abbia avuto il successo dei suoi predecessori, riuscí a garantire l'ultima vittoria della Ferrari alla 24 Ore di Le Mans e fu la ultima auto Italiana a vincerla. Ancora oggi ha un posto speciale nei cuori di molti tifosi Ferrari in tutto il mondo. Con soli 32 esemplari costruite, la 250 LM é considerata come un'auto estremamente rara e preziosa.

Nel 1965, Pininfarina construí una versione stradale (foto sopra) della 250 LM sul telaio **6025GT**, con un passo allungato a 2600 mm per avere piú spazio interiore per i suoi occupanti. Rifinita con i colori N.A.R.T. (bianco e blu), interiore in pelle rossa e vetri elettrici. Presentata al Salone di Ginevra del 1965, ci si aspettava piú interesse dal pubblico, peró alla conclusione del motorshow ottenne solo 16 ordinazioni. Cosí l'idea di creare questa versione della Ferrari 250 LM fu abbandonata.

"Questa é la Storia. Il segreto del mito sta nella passione di quell'uomo che, fino all'ultimo istante della sua vita, non ha mai smesso di correre. Solo dal pathos e dalla gloria potevano nascere quei capolavori di tecnica e di stile che sono entrati nell'arte e costituiscono l'assoluto nell'automobile."

www.ingramcontent.com/pod-product-compliance
Lightning Source LLC
Chambersburg PA
CBHW051910210526
45473CB00006B/1968